佐世保とキール　海軍の記憶

日独軍港都市小史

谷澤　毅

塙選書115

目次

序論　軍港都市の再評価に向けて

軍港都市へのまなざし

軍港都市として栄えてきたということは、その都市にとってはたして「プラスの遺産」となるのであろうか、それとも「マイナスの遺産」となるのであろうか。これは、筆者が佐世保に居住するようになってから抱き続けている疑問である。大方の意見を集約すれば、その答えは、おそらく「マイナスの遺産」ということになるのであろう。過去の戦争の記憶のみならず今後ありうるかもしれない有事への不安、市域の少なからぬ部分が軍事関連施設であることから生ずる都市開発や市民生活への制約、繰り返される軍関係者（例えば米軍兵）による不祥事、騒音など、日常的に実感される不安はもっと挙げることができるであろう。何よりも「軍港」という言葉自体が「灰色の街」、暗くて殺風景でどことなく怖いところを連想させてしまう。

しかし、だからといって軍港都市であることを悲観するばかりでは、将来への明るい展望を描き出すことは難しい。わが国に近代的な軍港が誕生してすでに百有余年が経過した。軍港であることは、いわば「都市のＤＮＡ」として各軍港都市の歴史にしっかりと刷り込まれているはずである。プラス・マイナスを相殺してプラスになることはないであろうが、少しでも「プラスの遺産」を発見する探究心、「マイナスの遺産」をプラスに読み替える新たな視点の獲得といった工夫も必要なのではないだろうか。例えば軍港都市の希少性。かつて鎮守府が置かれた軍港は、わが国には四箇所しかない。横須賀、呉、舞鶴、そして本書で取り上げる佐世保は、そのわずか四箇所のうちの一つなのである。これはある意味で注目すべきことではないだろうか。鎮守府が設けられた軍港の数は少ないのである。しかも、これら軍港都市は、寒村から工廠《こうしょう》のある大軍港へと短期間のうちに急速な発展を遂げた。特に佐世保と呉は地方都市であるにもかかわらず、当時としては大都市の部類へと人口を増大させた。急速な開発・近代化を図ることにより、軍港都市は、他の都市にあまり例を見ない特異ともいえる歴史を経験してきたのである。さらに軍港都市では、工廠をはじめ軍港ならではの巨大な建造物や装置が建設され、昔ながらの自然景観と近代的なメカニックな空間とが共存する独特の景観が生み出されていった。戦後、軍港都市では赤レンガの倉庫など、かつての軍港の名残ともいえる施設が一部残されたが、ようやく近年、それらがいわゆる近代化遺産として注目されるようになった。

本書執筆の意図

かつて軍港都市であったという経験、そして今も軍港都市であるという佐世保の現状を踏まえてこの都市の魅力を高め、多くの人々に佐世保という街に対して興味を抱いてもらうためにはどうしたらよいか。このような問題意識から、筆者は近代の佐世保の歴史に関心を抱くようになり、さらに他の軍港都市との比較を通じて佐世保の歴史を見ていこうと考えるようになった。そこで注目するようになったのがわが国と同じ後発先進国であり、第二次世界大戦で手痛い敗北を経験したドイツの軍港都市キールの存在である。

本書で考察の対象とするのは、佐世保とキールの軍港都市としての歩みである。以下では双方の都市の歴史を検証することにより、キールと佐世保それぞれの特徴ならびに軍港都市として両者に共通する性格を探ってみたい。このような作業が軍港都市の「プラスの遺産」を増やすことに直ちにつながるわけではないであろうが、少なくとも軍港都市の特異性や歴史的な役割を改めて顕彰する契機にはなるのではないか。これが本書執筆の動機である。以下でキールと佐世保について簡単に紹介しておく。

キール

キール市は、ドイツ連邦共和国のシュレスヴィヒ・ホルシュタイン州の州都であり、ユトランド半島の付け根近く、バルト海側に深く穿たれたキール湾（キーラー・フィヨルド）の最深部に位置する（17頁・I-1参照）。湾全体は穏やかな丘陵地に囲まれ、ドイツ北部一帯に広がるモレーン、すなわちかつて氷河が作り出したなだらかな起伏のある平原をなす。その低地帯は水溜りとなり、現在もキール周辺では大小さまざまの湖を目にすることができる。こうした丘陵と低地とが織り成す地形は、それほど高くはないとはいえ弓張岳《ゆみはりだけ》をはじめとするややけわしい山並みの連なる佐世保市街地周辺の地形とはかなり異なる。現在のキール市の面積は約一一八平方キロメートル、人口は約二三九、五〇〇人（二〇一〇年）である。

軍港都市であったことのほかにキールの名を世界に知らしめているものとしては、ドイツ革命の発端となった一九一八年のキール軍港における水兵の反乱やヨットレース（キーラー・ヴォッヒェ：Kieler Woche）の開催が挙げられよう。とはいえ、これといった観光地は付近にはなく、わが国ではそれほどなじみのある都市ではあるまい。キールの周辺、列車で一時間ほどのところにハンザ都市として有名な大港湾都市ハンブルクと中世の面影を今に残すリューベックがある。後で述べるように、キールもハンザ都市ではあるが、わが国ではこれらハンザ都市のほうがキールよりもはるかに知名度が高いと思われる。

キールは第二次世界大戦期にイギリス軍の空襲により、壊滅的な打撃を被った。とはいえ戦後はひとまず脱軍事化（Entmilitarisierung）を遂げ、急速な復興を果たす。現在は、大型フェリーの発着する港湾都市、造船業を母体とする産業都市としての顔を持つほか、市北部のホルテナウ地区をカイザーヴィルヘルム運河が経由しており、バルト海と北海を行き交う大型船舶の通り道としての役割を担っている。また、ドイツ海軍の軍港が置かれている軍港都市でもある。繁華街は旧市街（Altstadt）から中央駅（Hauptbahnhof）にかけて広がり、旧市場から中央駅方面に延びるホルステン通りが、歩行者専用路として佐世保のアーケード街（四ヶ町《よんかちょう》商店街）と同様の中心的商店街をなしている。ちなみに、筆者が二〇〇四年に初めてキールを訪れた際、佐世保との類似性をとりわけ強く感じたのが、旧市場広場からホルステン通りを経て中央駅となりの大規模なショッピングモールへと続く細長い商店街の賑わいとそこを歩く人の多さであった。

佐世保

佐世保市は、長崎県内第二位の都市として県北地域の中心に位置する（117頁・Ⅱ-1参照）。面積は約四二六平方キロメートル、人口は約二五〇、〇〇〇人（二〇一〇年）である。ただし、これらの数値は、いわゆる平成の大合併を通じて周辺の自治体を吸収した後のものである。

市の周辺海域には、複雑な海岸線を持つリアス式海岸地帯が広がり、佐世保湾の奥まった部分に佐世保軍港が設置され、限られた平地に市街地が形成されていった。

佐世保の近代は、まさしく軍港としての歩みに重なる。軍港の設置が決定してから都市化が進んだからである。やはり佐世保も第二次世界大戦の末期に大規模な空襲に見舞われ、一千人以上の人命が失われたとともに、市の中心部は大きく破壊された。戦後は、「旧軍港市転換法」の制定により、他の軍港都市とともに平和産業港湾都市への転換を図った。戦後の基幹産業として造船業があり、旧海軍工廠の施設を一部受け継いだ佐世保重工業（ＳＳＫ）がその中心に位置する。また、商業都市として地元の人が「四ヶ町商店街」と呼ぶアーケード街が連なり、その賑わいは、二〇万規模の都市のなかでも最たるものといわれている。最近テレビなどで「ジャパネットたかた」という社名をよく耳にするが、このテレビショッピングの会社の本社とスタジオも佐世保にある。ここ佐世保はまた、観光都市でもある。一九五五年の西海国立公園の制定を契機として市は観光に力を注ぐようになった。オランダの町並みを模した大型のテーマパークであるハウステンボスが位置するのも佐世保である。ここは近年、経営の悪化が懸念されたが、現在のところ再建は軌道に乗り、復活を果たしているようである。

このように戦後の佐世保は、戦前と比べれば産業の多様化を通じてさまざまな顔を持つようになったといえるであろう。しかし、アメリカ海軍や海上自衛隊の基地――陸上自衛隊の駐屯地もある――が設けられ、これら軍関係施設との共存が続いている現状にかんがみれば、やはり佐世保は現在でも軍港都市であることには変わりはない。

研究状況

研究動向にも少し触れておこう。社会経済史研究において、都市史研究はこれまでも盛んに行なわれてきたが、軍事組織との関連で都市を論じた研究は、それほど多くはなかったように見受けられる。だが最近、ようやく軍隊が置かれた都市に関する研究、すなわち、軍隊そのものではなく、軍隊の設置が都市やその周辺地域に与えた影響や軍隊と都市との関わりに注目した研究が見受けられるようになった。とはいえ、この種の都市に関する研究は、陸軍との関わりでなされた研究が多い。例えば、荒川章二『軍隊と地域』（青木書店、二〇〇一年）、本康宏史『軍都の慰霊空間――国民統合と戦死者たち』（吉川弘文館、二〇〇二年）、川西英通『せめぎあう地域と軍隊――「末端」「周縁」都市・高田の模索』（岩波書店、二〇一〇年）などの成果が挙げられる。

これに対して、海軍と都市に関わる研究は遅れていたとの印象を受けるが、ようやく最近、海軍の軍港に焦点を当てた本格的な研究として、「軍港都市史研究会」から軍港都市舞鶴を題材とした坂根嘉弘編『軍港都市史研究Ⅰ舞鶴編』（清文堂出版、二〇一〇年）が刊行された。佐世保軍港をテーマとしたこの種の本格的な研究書はまだ刊行されていないが、軍港を含めた佐世保の歴史に関する最もまとまった研究成果としては、佐世保市制百周年を記念して刊行された『佐世保市史　通史編』（上巻、二〇〇二年、下巻、二〇〇三年）と『佐世保市史　軍港史編』（上巻、二〇〇二年、下巻、二〇〇三年）を挙げることができる。他にも佐世保に関する市史としては、市制五〇周年を記念して刊行された『佐世保市史』があり、それ以外にも大小さまざまな同時代文献や学術論文、郷土史研究のなかに軍港や都市史に関する記述を見出すことができる。それらをここで列挙することはしないが、本書で依拠した文献は巻末に参考文献としてまとめて提示している。

一方、キールについて見ると、軍港という側面からキールについて論じた成果には、第一次世界大戦末期の水兵の反乱を扱った三宅立『ドイツ海軍の熱い夏――水兵たちと海軍将校団一九一七年』（山川出版社、二〇〇一年）があるが、軍港都市の側面からキールを扱った研究は、筆者がこれまで勤務先の紀要に著したもの以外には、わが国には存在しないようである。佐世保を海外の軍港都市と比較しながら考察した研究も、キールを佐世保などわが国の軍港都市と照らし合わせた研究も、管見の限りではあるが、これまでのところ見当たらない。軍港都市史研究の一つの試みとして、本書ではキールと佐世保の近・現代をそれぞれたどりながら共通点や異質な点を探ってみることにしたい。キール史に関して参照した文献も、参考文献に掲載しているので、佐世保に関する文献と合わせてそちらを参照してほしい。

共通項

本書で佐世保とともにキールに注目した理由としては、同じく軍港、港湾都市であるということが挙げられる。それゆえ、佐世保の歴史的な経験を検証し、その特徴をあぶり出していくうえでキールの事例が参考になりはしないかと期待されるのであるが、むろん、近代に忽然と出現した日本の一都市と、後で述べるように、中世以来の伝統を誇る西洋都市のキールとの違いを事細かに指摘すれば、枚挙に暇はないであろう。とはいえ、軍港都市として発展し、近代化を遂げたということこれまでの歩みを軸に、例えば以下のような共通性もあることを考慮すれば、両市の比較が決して無謀な試みではないということが理解されるであろう。さしあたり、以下のような共通項があることを確認しておこう。

後発先進国のなかでの急速な成長　明治維新（一八六八年）とドイツ帝国の成立（一八七一年）の後、佐世保とキールは、いわゆる「上からの近代化」のもと、急速に発展した。近代化とは、都市化と言い換えることができるであろう。また、わが国の場合、近代化とは欧米化をも意味した。明治政府は、欧米諸国をモデルとして近代的な軍備の増強を図り、富国強兵を実現していった。軍という国家の死命を制する組織を存立基盤としていたので、軍港都市では人々の生活や経済情勢、都市の盛衰が常に国家の軍事政策に左右されることになった。国運に翻弄され続けたと述べてもよいであろう。「上」からの急速な近代化が推し進められただけに、ドイツと日本の軍港都市が国家により加えられた圧力は、イギリスやフランスといった「下」からの近代化を遂げたといわれる先発諸国と比べてかなり大きかったのではないか。本書では、この問題の検証にまで立ち入ることはないが、さしあたりこのような見通しを立てておく。

戦後の急速な復興　ドイツと日本は、第二次世界大戦における敗戦国である。にもかかわらず、両国ともに、戦後は経済大国として世界経済のなかで枢要な位置を占めるに至った。両国が奇跡の経済復興、さらには大国化を遂げていくなかで、キールと佐世保はともに大戦期に空襲により壊滅的ともいえる被害を受けたにもかかわらず、戦後は急速な復興・発展を果たし、造船業を基幹産業として平時への転換を実現した。ただし、平時への転換を果たしたとはいえ、両市ともに現在もなお軍港都市である。

人口の動向　最近の人口は、キールが約二四万人、佐世保が約二五万人でほぼ同程度の人口規模を有する。さらにその推移を見ると、両市の人口の増減が戦争に影響されてきた様子をはっきりと目にすることができる。軍港都市の盛衰が国家の軍事政策や国運の推移にいかに大きく左右されてきたか、人口動向が如実に物語るのである。またキール、佐世保ともに、第二次世界大戦以降は高度経済成長期を経て人口の伸びが頭打ちとなり、微減傾向にあるという共通項もある。

辺境に位置した都市　キールはドイツのほぼ北端に、佐世保はわが国の西端に位置し、それぞれ首都のベルリン、東京から見れば辺境の都市である。ただし、この点については少し補足しておく必要があろう。ベルリンはプロイセン王国の時代から新興国の首都として求心力を強めてきた。とはいえ、ドイツにはパリやロンドンのような中心都市の伝統はない。現在でも、ベルリンは首都としての威容を誇るものの、連邦制をとるドイツには東京のような一極集中都市は存在せず、さまざまな性格と規模を持つ拠点都市が国内に広く分布している。それゆえキールの辺境性とはドイツの北端に位置するという立地条件をもとに指摘しうる特徴であり、佐世保のように一極集中都市からの距離ゆえにそれがさらに増幅されて実感されるということは、あまりないのではないか。おそらく、キール市民より佐世保市民のほうが辺境性を常日頃強く感じているのではなかろうか。これは筆者の印象である。

叙述方法

以上のような共通点があることを踏まえたうえで、以下、キールと佐世保の軍港都市としての歩みを、比較を念頭に置きながら探っていく。とはいえ、双方の都市に関する論点、記述内容には互いに精粗があり、いわば合わせ鏡のような厳密な比較を可能とするような構造にはなっていない。

おおよその論の進め方として、まずI編で軍港となる前の時代を含めたキール市形成の足跡について述べる。次いでII編では、I編での成果をもとに適宜キールとの比較をはさみながら佐世保市の近・現代の経験について述べていく。それゆえ、比較史的なコメントや考察がII編に盛り込まれるぶん、こちらのほうが分量は多くなるだろう。もちろんそこには、筆者にとって地元佐世保に関しては、詳細な情報が得やすかったという理由もある。そして最終章で、キールと佐世保の歴史を踏まえたうえで、軍港都市の現状とこれからについて短い考察を施す。

精緻な比較都市史研究とはなっていないこと、また、ややバランスを欠いた構成となっていることをあらかじめお断りしたうえで、まずはキールの足跡からたどっていこう。

Ⅰ　キール編

第1章　軍港都市キールの前史

中世都市キール

軍港が形成されるまでのキールは、都市として長い前史を有する。ここでは都市として成立した後のキールの歴史について経済を中心に簡単に振り返っておこう。

キール市の法制面での成立は、一二四二年にさかのぼる。すなわちこの年、キール(Holstenstadt)市民は、ホルシュタイン伯ヨハン一世から都市法としてリューベック法とともに土地を授与されたという。ただし、伝来する記述内容にはあいまいなところがあり、その事実性はこれまでの研究で繰り返し疑問視されてきた。とはいえ、それ以前からこの地に集落は存在していたと考えられ、都市法が付与された頃には、中世都市としての実体は備わっていたようである。一三世紀には各種手工業者が存在し、遠隔地商業も、ハンザ都市の名に恥じない規模にまで達していたという。貨幣鋳造権も与えられた。

一三世紀のキールの人口は、一、二〇〇～一、五〇〇人と推測される。このうち市民権を付与されていたのは三〇〇人ほどであり、多くの人々は、手工業や商業といった都市的な生業に従事していたと考えられる。この頃の主要な手工業者の組合とその構成員を挙げれば、靴屋の二八名を筆頭に、以下パン屋の一六名、肉屋と仕立て屋、鍛冶屋のそれぞれ一〇名、皮なめし工、粉屋の各八名、毛皮工の六名、職布工の五名となる（H. Willert, Anfänge und frühe Entwicklung der Städte）。

中世以来、キールは都市規模を拡大していった。近世初頭の都市図からは、市壁を越えて橋を渡った郊外（現フォアシュタット地区）へと家並みが続いている様子を目にすることができる。しかし、住民が増えることにより、中世以来キールが抱え込むようになった問題があった。水の確保である。市内で水を十分確保することができなかったキールは、長い水路を建設して郊外のモレーン地帯にある湖から飲み水を市民に供給する必要があった。とりわけ戦時に際して水問題は、キールにとってのアキレス腱となった（H. Willert, Anfänge und frühe Entwicklung der Städte）。

ハンザ都市キール

キールはハンザ都市であった。ハンザとは、外地での商業権益の確保とその維持を目的として成立したドイツの商人や都市の連合体であり、ドイツ本国では「ドイツ・ハンザ」、わが国では「ハンザ同盟」と呼ばれる。一般に、一二世紀のハンザの中心都市リューベックの

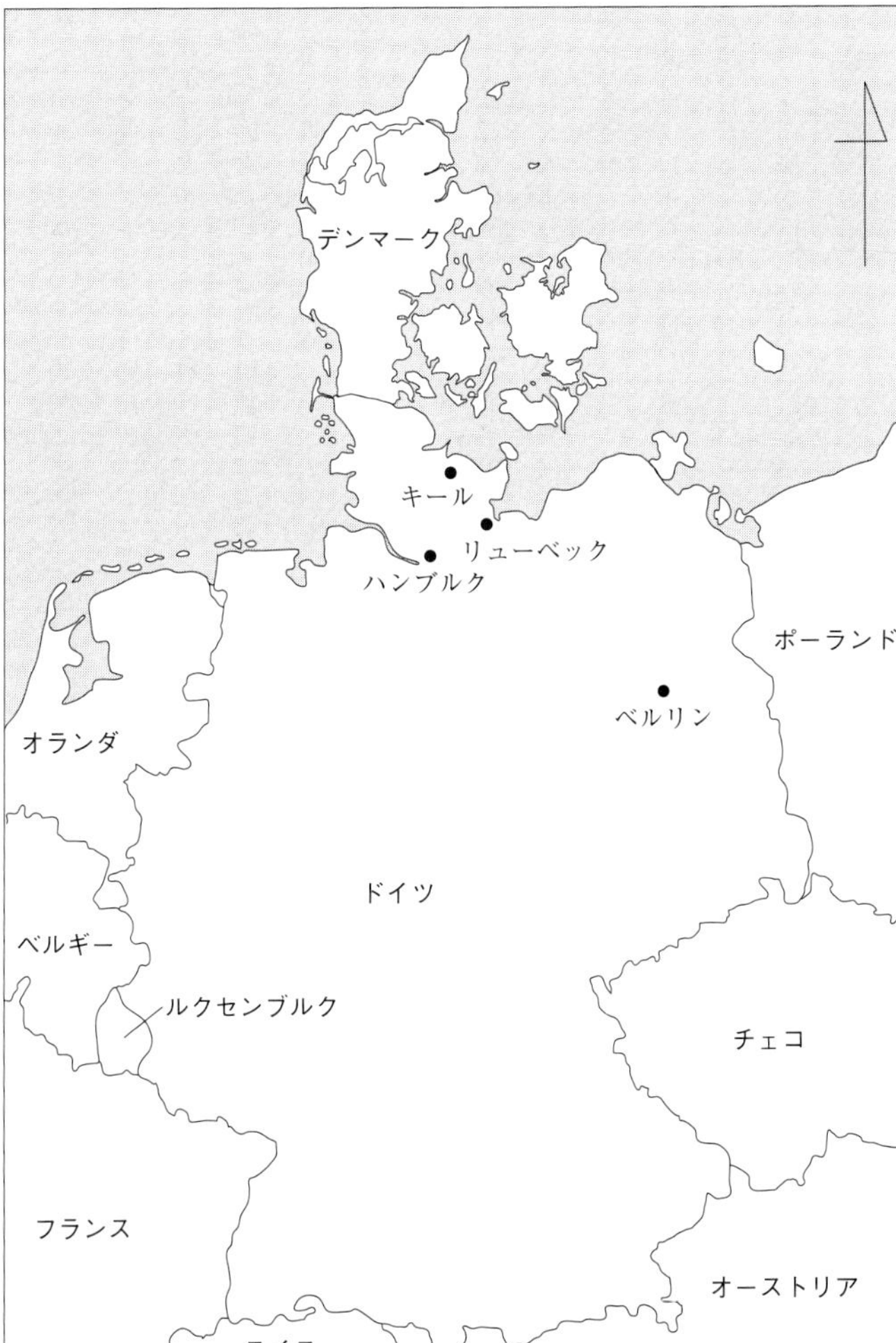
デンマーク
キール
リューベック
ハンブルク
ポーランド
ベルリン
オランダ
ドイツ
ベルギー
ルクセンブルク
チェコ
フランス
オーストリア
スイス

I-1　キールの所在地

成立から一七世紀の最後のハンザ総会までの、およそ五〇〇年間がハンザの存続期と見なされている。この間、キールは常にハンザ都市であったというわけではないが、中世都市としてハンザに名を連ねていたということは、貿易を志向する港湾都市の伝統が古くから培われていたことを示す。それゆえ、キール市のアイデンティティを探っていくうえで、ハンザに属していたということは無視できない。

キールのハンザ加盟は一二八四年であったと考えられている。その前年に、キールはデンマーク国王エーリクより当時デンマーク領だったスカンディナヴィア半島南端のスコーネ地方で鰊《にしん》の加工・荷造りのために占有地（フィッテ）を確保することが認められた。当時スコーネは鰊の漁場として有名であり、国際市場でもあった。キールがここでフィッテを所有したことにより、同市の商人は北方ヨーロッパで交易活動を展開するための足がかりを得た。そして翌一二八四年、リューベックやハンブルク、ロストックなど、ハンザの首脳部となる商業都市にキールも加わり、安全確保のための同盟が結成された。この時点でハンザは、まだ組織として明瞭な形をなしていたわけではなかったが、こうした同盟を母体としてハンザという組織が自然発生的に誕生したことから、この時点でキールはハンザに加盟したと見なすことができる。

キールは、ハンザが繁栄の頂点を極める契機となったデンマークとの戦争（一三六一－一三七〇年）にも、武装兵を派遣するなどして参戦した。とはいえ、キール派遣軍は、バルト海と北海を結ぶ水路で多大な損害を被ってしまったほか、都市領主であるホルシュタイン・シャウエンブルク家のアドルフ七世がデンマーク支持の姿勢を見せ始めたことから、キールはこの戦争に対して及び腰となってしまった。それゆえ、一三六七年にハンザ側で結成された有名なケルン同盟には、キールなどシャウエンブルク家配下の都市は加盟していない。ハンザはこの戦争に勝利したことにより、その名声を高めることができたとはいえ、キールは一時ハンザ特権に与ることができなくなってしまった（H. G. Walther, Von der Holstenstadt der Schauenburger zur Landesstadt）。

キールはハンザ都市であったとはいえ、国際的な商業や海運の舞台で華々しい活躍を見せたわけではない。例えば、一三六二年のポンド税といわれる戦費調達を目的とした臨時税の徴収額を見ると、キールの徴収額四二マルクは、ロストックの二五％、グライフスヴァルトの五〇％ほどでしかなかった（H. Willert, Anfänge und frühe Entwicklung der Städte）。当時のキール港の商港としての意義を過小評価すべきでないとの見解もあるが、リューベックやハンブルクといった近隣のハンザ大都市の商品取扱量と比べれば、その規模ははるかに小さなものであったと考えられる。

近世のキール

大航海時代の到来に端を発したヨーロッパを中心とする新たな世界システム（ヨーロッパ世界経済）の誕生は、経済の重心移動や交易路の変化などを通じてハンザの衰退を促した。しかも、近世のドイツ都市としてキールも一六世紀には宗教改革の、また一七世紀には三十年戦争（一六一八―一六四八年）の混乱を経験した。キール近辺では、一六世紀以降ハンブルクが「近世の世界商業に向けたドイツの門」（Heinz Schilling）として、ハンザの盟主リューベックを上回る繁栄を見せた。これに対して、キールは港湾都市として浮上する機会をなかなか見出せないでいた。

近世キールの経済の具体相を少し探ってみよう。例えば、一六〇〇年前後の時代に関して、ウルリヒ・ベデカー（Ulrich Boedeker）なる商人の記録を見ると、彼はキールとその周辺の集落でおもに亜麻やライ麦、麦芽、カラス麦、大麦などの農産物を売買していた。貨幣の貸付も行なっていたようであり、スウェーデンやリーガ、レーヴァルにまで足を運ぶこともあった。彼の事業の枠内でキールの貿易収支を求めると、輸入が輸出を大幅に上回っていた（F. Kleyser, Kleine Kieler Wirtschaftsgeschichte）。

一六八二年の納税台帳（Kataster）からは、職業分布を通じて当時の産業構造をうかがうことができる。それによると、この年キールで生業に就いていた者は二九四名が記録され、そのうち農業に三名、手工業に一六二名（五五・一％）、サービス業と見なされる仕事に一一七名（三九・八％）、その他に九名が従事していた。個々の職種ごとに見ると、多い順に仕立屋が二五名、大学教授が一二名（実際には一六名存在）、靴屋が一一名、指物師が一〇名などと続く。キールには一六六五年に大学が誕生していた。職業構成からも、キールが大学都市であることが見て取れる。ところが、サービス部門のなかの商業・交通に関する職業に従事する者はわずか二七名でしかなく、本来港湾都市であれば、かなりの比重を占めているはずのこの部門の割合は、全体の九％でしかなかった。さらに、やはり港湾都市であれば多くの人が携わっていたと考えてよい造船業に至っては、たった三名が記録されていたにすぎなかった。後のキールの造船都市としての発展からは考えられない数である。港湾都市であったとはいえ、当時のキールは、なおも港町としての可能性を十分発揮してはいなかったということが、これらのデータからはわかる。一六八二年のキールは、バルト海南西海域の地域的な交易を担う地方港にすぎなかったのである（K. Krüger und A. Künne, Kiel im Gottorfer Staat）。

しかし一方で、大学設置後のキールは学術・文化の中心としての役割を帯びるようになった。軍港都市となる以前にキールは大学都市であった。これは佐世保との大きな違いである。なおキールでは、キーラー・ウムシュラーク（Kieler Umschlag）と呼ばれる、おそらくは一五世紀にさかのぼる決済のための市が開催されていた。とはいえ、それは早くも一六世紀には最盛期を迎えてしまい、その後も一九一一年まで開催は続いたものの、キール経済を牽引するようなことはなかった（一九七五年から民間の祭りとして再開）。

交通・運輸事情の改善

キールの町は長らく沈滞ムードに包まれていたが、こうした状況は一八世紀末頃から改善の兆しを見せた。一七七七年にはシュレスヴィヒ・ホルシュタイン運河（アイダー運河）の開削工事が始まり一七八四年に完成、これによりキール港北部のホルテナウから水路でユトランド半島を横断し、アイダー川を経て北海に至ることが可能となった。また当時、ハンブルクとデンマークとの間で陸路を経由した輸送が増えていたが、一七八〇年頃にはキールとコペンハーゲンの間で定期航路が開設され、まずは帆船が、また一八一九年からは蒸気船が就航するようになった。こうした交通事情の改善により、キールからアルトナ（現在ハンブルク市内）などハンブルク方面に向かう輸送も増え、キール港への寄港船舶数も増加を見せた。さらには貯蓄銀行（一七九六年）や貸付銀行（一七九九年）が設立されるなど、都市経済全般の発展をうかがわせるような出来事も散見される。

大陸封鎖などナポレオン戦争により引き起こされた混乱が収束した後、とりわけ一八三〇年頃から、キールはこれまでにない躍進の時代を迎えた。例えば、キール港の埠頭で通関手続きを行なった船舶の積荷の量は、年平均で一八一三年から一八一七年までが一三、三〇五ラスト（一ラストは約二、〇〇〇キログラム）だったのに対して、一八五一年から一八五五年までは四〇、六六二ラストにまで増加した（U. Lange, Vom Ancien Régime zur frühen Moderne）。

シュレスヴィヒ・ホルシュタイン公国が一四六六年にデンマークと同君連合をなしてからのキールは、デンマークに服属する都市と見なしうる。その首都のコペンハーゲンは、植民地物産など多くの海外の商品をハンブルクからの供給に依存していた。その通り道であるホルシュタイン地方の交通事情の改善は、キールの商業・交通面での発展にもつながった。例えば、一八三〇年から三二年にかけて建設されたキール・アルトナ間の舗装道路も、キール入港船舶の増加につながったと見てよいだろう。一八四二年のキール港の出入港船舶数は合計四、六一五隻であるが、これは一八一八年と比べて二倍の多さである。

鉄道の建設も進められた。ハンブルクを中心として周辺各地が鉄道で結ばれるなか、一八四四年には、キール・アルトナ間でバルト海鉄道が開通した。キールも鉄道網に組み込まれていったのである。

軍港都市に向けて

一九世紀キールの都市経済の拡大は、人口動向からもうかがうことができる。例えば、一七八一年から一八三五年までのおよそ五〇年間でキール市の人口は、五、三七九人から一一、六二二人へと約二倍の増加を見せた。さらに一八六七年（軍港設置の二年後）には二四、二一六人に達しており、一八三五年からわずか三〇年ほどの間で人口はさらに倍増したのである。

こうした人口増加を招いた要因としては、食糧・衛生事情の向上や医療技術の進歩による幼児死亡率の低下など、ヨーロッパの先進的な都市部で共通する要因を、まずは挙げることができるだろう。軍港化される前のキールでは、移入者の人口増加に対する寄与はそれほど大きなものではなかった。その移入者も、多くはキール周辺のシュレスヴィヒ・ホルシュタインの出身者であった。

人口の増加とともに、市内では湖（クライナー・キール）の南および南西のフォアシュタット地区の開発が進み、とりわけバルト海鉄道の開業に伴うキール中央駅の開業と沿線の整備は、都市南部の開発を推し進めた。また北部では、旧市街に近いブルンスヴィク（後にキール市に合併）が、一九世紀前半までにキールのベッドタウンといえるような役割を担うまでになっていた。湖の周辺でも開発が進み、水域が狭められて堤防が設けられていった（U. Lange, Vom Ancien Régime zur frühen Moderne）。

概して一九世紀中頃までにキールでは、交通網の整備によりハンブルクをはじめとする周辺諸地域との連絡が容易になり、商業都市、貿易港として発展していくための基盤が整備されていた。ハンザの時代を経て、その後も長い間十分活用されないままであった港が、商港としてようやく本領を発揮し始めていた。港湾都市としての発展は遅れたとはいえ、キールは軍港に指定される以前に、ある程度開発が進んだ近代都市としての風貌を備えていたのである。

第2章　軍港都市キールの誕生と発展——第一次世界大戦まで

(1) 海軍施設の拡充

軍港都市キールの誕生

一八六四年、キールを含むシュレスヴィヒ・ホルシュタイン両公国の帰属をめぐってドイツ(プロイセン)・デンマーク間で戦争が勃発した。この戦争でプロイセン側が勝利したことにより、キールを含むホルシュタインはデンマークの支配を逃れてプロイセン・オーストリア同盟の共同統治下に(ウィーン条約)、やがてオーストリアの単独統治下に置かれることになった(ガスタイン条約)。さらに普墺《ふおう》戦争(一八六六年)を経てキール市を含め、シュレスヴィヒ・ホルシュタイン両公国は一八六七年に戦勝国側のプロイセンに併合された。

すでにロシアを相手とするクリミア戦争(一八五三—一八五六年)の際、キールは英仏艦隊の停泊地として優れた適性を示したというが、軍港都市となったのは、一八六五年に内閣令に基づきプロイセン海軍がダンツィヒ(現グダニスク)からキールに移転してから後のことである。一八七一年にドイツ帝国が成立すると、キールは北海側のヴィルヘルムスハーフェンとともに改めて帝国軍港（Reichskriegshafen）に指定され、以降、ドイツの軍港都市として目覚しい発展を遂げていくことになる。

海軍基地がキールに移転するに際して、キール市当局がこの移転をどう考えていたかは明らかでない。少なくとも都市側が海軍誘致に向けて積極的に働きかけたということはないようである。いくつかあった候補地のなかからキールが選ばれた理由としては、やはり軍港にふさわしい地形的条件を備えていたことが挙げられる。水深の十分な、まさにフィヨルドと呼ぶにふさわしい奥深い湾に位置するキール港は、艦船の停泊に適した天然の良港であり、それゆえに他の候補地と比べて少ない費用で開発される見込みがあった。当時の海軍総司令官アーダルベルト親王（Prinz Adalbert）も、キールを強く推していたという。ただし、プロイセン参謀総長のモルトケは、戦場としてはバルト海をあまり重視しておらず、それゆえ海軍の拠点も北海側を重視すべきであり、バルト海側の拠点は既存の施設を利用すればよいと考えていたそうである。

一八七一年のキール市商業会議所の年次報告では、ここがそう遠くない将来にドイツ・バルト海海域の海軍拠点、大要塞へと発展していくであろうことを早くも予測している（R. Wenzel, Bevölkerung, Wirtschaft und Politik）。とはいえ、軍港となったことは、キールが商港として十分発展する可能性を失うことを意味した。これが、後世キールの経済が抱える大きな問題となる。

さて、キールを堅固な軍港とするためには、まず守りを固める必要があった。そこで湾の入り口の西側フリードリヒスオルトにあったかつてのデンマークの防御施設が再利用されることになり、やがては湾の両側に堡塁、砲台、塹壕が築かれ、要塞化されていった。湾内の海軍施設だけでなく、アイダー運河（後の北海・バルト海運河）の入り口も防御の対象となった。ドイツでは、皇帝ヴィルヘルム二世（在位一八八八―一九一八年）の国家勢力拡大期にティルピッツが海軍省長官を務め、第一次（一八九八年）、第二次（一九〇〇年）と艦隊法が続けて制定された。海軍増強策のもと艦船が次々に建造されていった。ドイツ海軍は、イギリス海軍による北海の封鎖を想定していた。キールはそれを突破するための基地として位置づけられたのである（成瀬治ほか編『世界歴史大系　ドイツ史3』）。

海軍の諸工廠

海軍の中心的な施設となる造船所（造船工廠）について見ておこう。プロイセン海軍がキールに移転した一八六五年、市北部の湾西岸ブルンスヴィク、デュステルンブローク地区に海軍の物資補給廠が建設された。もともとキールでは、湾の入り口に近い西岸側に海軍施設を連ねていくことが予定されていた。しかし、外海に近い地区は外敵から容易に攻撃されることが懸念された。そこで一八六七年の最高政令（Allerhöchste Kabinettsordre）にキール湾東岸のエラーベク地区の開発を盛り込み、翌年に補給廠は湾東岸に移転され、海軍造船工廠として設備の拡充が開始された。一八七九年には、造船施設が一応は完成した。しかし、艦船規模の拡大に伴い、すぐ施設は手狭になってしまった。そこで、一九〇三年にはエラーベクにあった古くからの漁村が潰され、そこも造船工廠の敷地とされた。それに伴いここで作業に従事する従業員も増加を見せ、その数は一八八〇年が二、九九二人、一九〇六年が六、九二八人、さらに一九一四年七月には一四、〇〇〇人以上に達した。ヴィルヘルム二世の国力増強期を通じて、造船工廠の従業員は大きく増加した。工廠の周囲は、外部から中をうかがうことができないように高い塀で囲われた。キール湾東岸には、民営の大規模造船所も建設されていく。

一方、造船工廠とは別に湾西岸のフリードリヒスオルトには、一八六六年に大砲の製造工廠が設けられた。一八九一年に、ここは魚雷工廠（Torpedowerkstatt）へと拡充され、魚雷の重要性の高まりとともに従業員を増やしていった。ここも多くの就業者を抱えたキールの主要海軍施設の一つであり、その数は一八八五年が約一二〇人、一九〇〇年が約一、〇〇〇人、一九一四年には二、三八九人、そして一九一八年には五、五四五人と、第一次世界大戦末期には五、〇〇〇人を超える人々がここで作業に従事するようになった（R. Wenzel, Bevölkerung, Wirtschaft und Politik）。

海軍の刻印

海軍の存在は、大規模な開発が行なわれつつあった沿岸部だけでなくキールの街全体の雰囲気にも影響を及ぼしていった。海軍施設の拡充により、都市周辺部からは農村的なたたずまいが急速に失われていった。なかでも市北部のブルンスヴィク、デュステルンブローク地区は、先にも述べたように、一八六五年にプロイセン海軍の補給廠が建設されたところであり、やがてこの一帯は、軍関係の施設が集積する海軍色の強い地域となる。そのような施設としては、例えば、帝国幕僚司令部（Stab der Kaiserlichen Kommandantur）や海軍基地本部（Stab der Marinestation）、海軍大隊（Seebataillon）、水兵のための兵舎や海軍病院、軍裁判所、留置所、さらには海軍大学や海軍兵学校といった教育機関も挙げられる。これら海軍諸施設の周辺には士官用の住宅が建設され、デュステルンブロークの森は高級住宅地となった。後にその北のヴィク地区がキール市に併合されると、ここにも大規模な建造物からなる兵営群が建設された。

これら施設をはじめ、各種工廠の建設のために海軍は、キール市の意向をあまり尊重することなく急速に用地の買収を進めていったようである。早くも軍港設置決定四年後の一八六九年にキール市側は、キール港が自治体の管理する港（Kommunalhafen）であり、その利用に際しての主導権は都市側にあるとの声明を出す（M. Salewski, Kiel und die Marine）。しかし、一八八三年の帝国軍港法の制定は、海軍側の都合が都市のそれに優先することを決定付けてしまった。その後キール市は、一八九三年に湾西岸北部のヴィク地区に新たな貿易港を建設する計画を海軍に提案した。しかし、海軍側はこれを拒否したのでキール市は訴訟に持ち込んだものの、一九〇四年にキール市側の敗訴が決定した。港の軍事以外での利用が難しくなっていくのである（150 Jahre Mobilität）。

こうしてキール市の北部と湾の東部では、短期間のうちに旧市街との関係があまりない、いわば「閉じられた」海軍街が形成されていった。かくしてキールは、伝統的な中世以来の港湾都市としての性格と、新興の「軍港都市」としての性格とを併せ持つようになった。やがてキールは後者の「軍港都市」としての性格を強くしていき、ようやく芽生えた広範な経済的機能も、海軍の陰に隠されていってしまう。海軍に依存する度合いを高めていくなかで、都市の産業構造もバランスを欠いたものとなっていくのである。

（2）都市規模の拡大――人口と市域

人口面での特徴

I-2の一連のグラフは一八四〇年から最近までのキール市の人口の推移を示す。それによると、ドイツ統一を控えた一八六〇年頃から人口の伸びは明らかとなり、一九世紀末から増加はさらに加速する。商工業の発展という増加要因に、海軍拠点となったことによる軍事的要因が加わったのである。周辺自治体の合併の影響もあり、一九〇一年には一四、六七九人の増加を実現した。艦隊法の制定は、経済状況とは無関係に艦船の建造を進めていくことを可能とした。キールは労働者の集中する都市となり、第一次世界大戦期に人口増加の一つのピークを迎える。開戦の一九一四年にキール駐留の兵士は、二二、〇〇〇人から三一、〇〇〇人へと増員された。

キールの人口動向に見られる特徴としては、増加のテンポが速く、他のドイツ都市の二倍のスピードで人口が増加したということ、しかも移出入が激しく、毎年人口の二〇％ほどが入れ替わったという点が指摘されている。海軍の創設とそれに伴う艦船の建造は、多くの労働者をキールに引き寄せた。キール生まれの地元民に加えて多くのいわゆる「よそ者」が、おそらくは、単身の労働者もしくは軍関係者として頻繁に市内外の出入を繰り返した。キールを仮の住処とするこうした人々が、移入先の都市の居住環境やその将来をどの程度真剣に考えていたかは、考慮しておく必要があろう。「よそ者」が多い都市は、地元民がほとんどを占める都市と比べて、都市の景観や街づくりに対してどうしても無関心になってしまうと考えられるからである。

一八七〇年から一九一四年にかけての人口から市民の出身地を見ると、地元キールの出身者は三四%で、以下シュレスヴィヒ・ホルシュタインが三二%、プロイセン農村部が二一%、

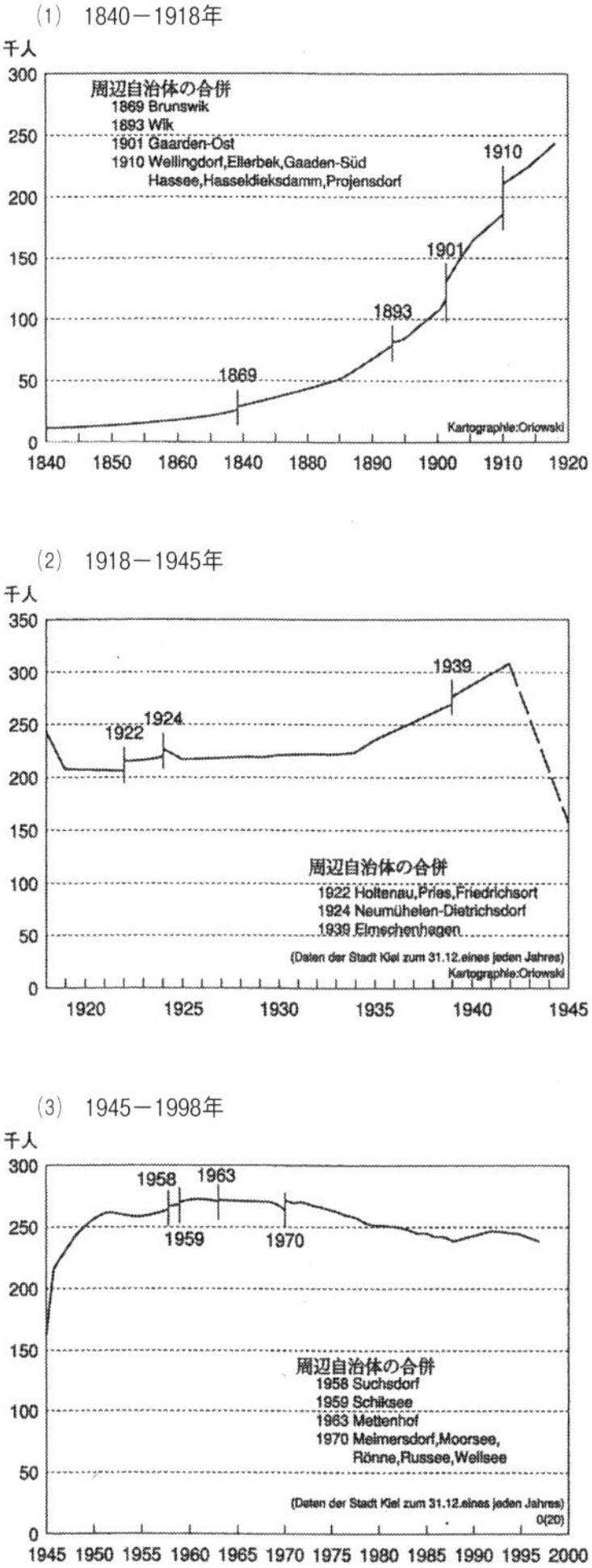

I－2　キール市の人口の推移

他は帝国（ドイツ）出身者が九％、ドイツ以外が二％となる（四捨五入による誤差はそのままにしてある）。軍港になる前のキールでは、地元出身者の比率はもっと高く、一八六〇年の場合、市民全体に占める地元出身者の割合は五〇％を超えていた。軍港となり、やはり「よそ者」の移入が増したのである。

男女間の人口差を見ると、女性の比率が低く、最大で八％の差があった。これは、キールでは海軍施設や造船所が産業の中核に位置したために、女性の就業機会が少なかったことによる。この点は、本書Ⅱ編で佐世保に関しても指摘される事柄である。ちなみに、家事手伝いを除いたキールの女性全体に占める就業者の比率は、他の主要都市と比べてかなり低い水準にあった。例えば一九〇七年の場合、ハンブルクが二七％、ブレーメンが二五％、ベルリンが三三・四％、またドイツの全国平均で三二・一％であったのに対して、キールはわずか一九・六％であった（R. Wenzel, Bevölkerung, Wirtschaft und Politik）。

自治体の合併

キールの市域があまりに狭く、それが後の発展を阻害するであろうことは、ドイツ統一以前から懸念されていた。そこでキール市都市当局は一八六九年から周辺ゲマインデ（Gemeinde　自治体）との合併に向けた動きを開始し、いくたの合併を重ねていった。最も早く

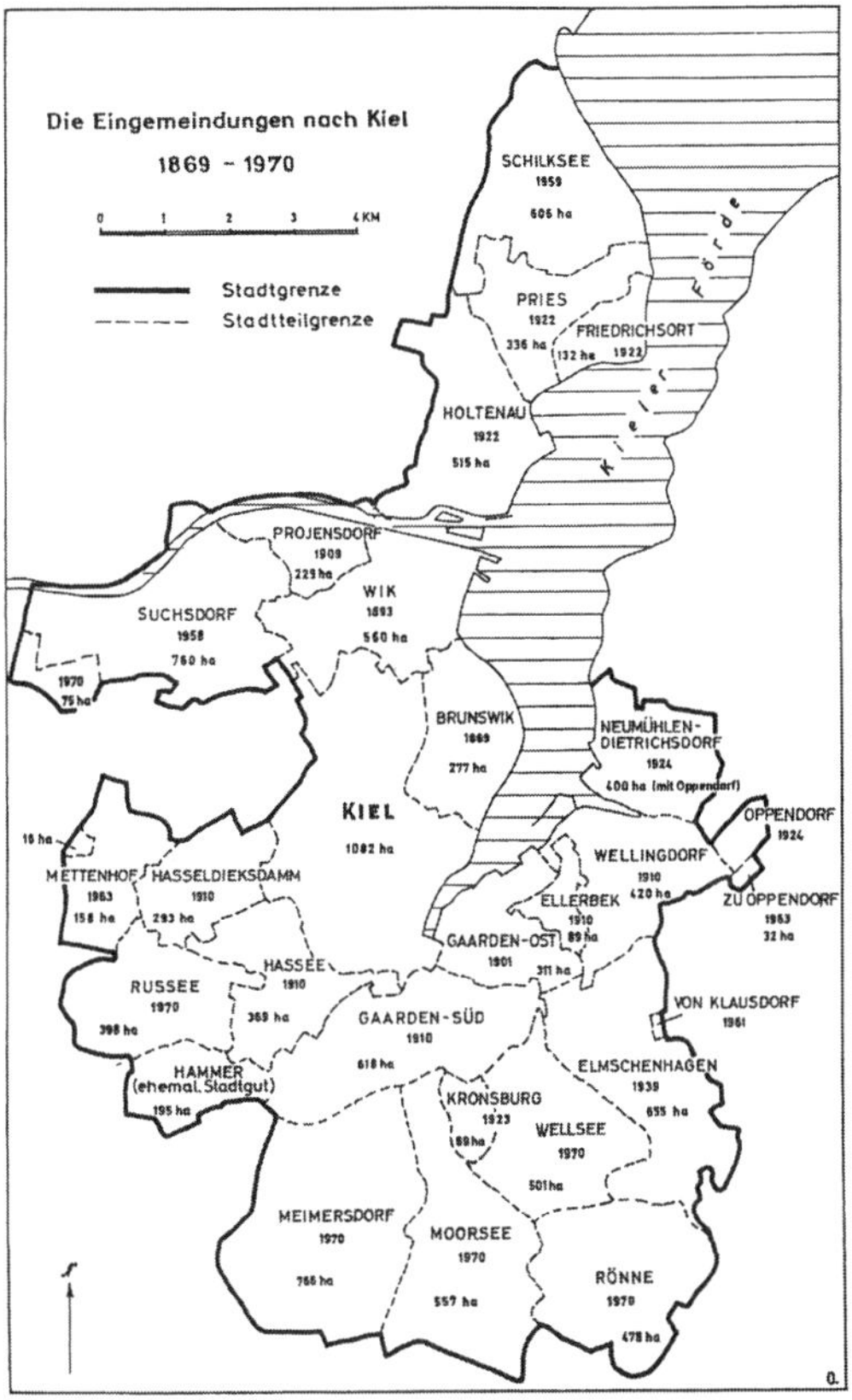

Ⅰ－３　周辺自治体の合併

キールに吸収されたゲマインデは、ブルンスヴィク（Brunswik）（一八六九年）であり、その後もデュステルンブローク（Düsternbrook）（一八七三年）、ヴィク（Wik）（一八九三年）、ガールデン・オスト（Gaarden-Ost）（一九〇一年）、プロイェンスドルフ（Projensdorf）（一九〇九年）、ヴェリングドルフ（Wellingdorf）、エラーベク（Ellerbek）（一九一〇年）など、まずは海軍施設、造船所が集積しているゲマインデがキールに併合されていった（I-3）。とりわけ大規模な造船所が立ち並ぶキール湾東岸地区を合併することは、税金の確保といった面からも必要とされた。

合併は必ずしも順調に進んだわけではない。例えば、各ゲマインデは、税制面での優遇措置や学校、道路などの公共施設の建築、さらには消防体制、貧困対策、保健といった社会保障の拡充を合併の条件に挙げて、キール側の要求に抵抗しようとした。しかし、市内における人口増加とそれに伴う開発の周辺部への拡大により、キールにとって周辺自治体の合併の推進はぜひとも必要であった。それゆえキール側が、逆にこれらの諸条件を相手側ゲマインデの前にちらつかせて交渉を有利に進めるための武器として用いることもあった。なかにはハッセルディークスダム（Hasseldieksdamm）のように、ゲマインデ側のほうが合併に積極的な場合があったが、ここは人口が四〇〇人ほどの小規模な自治体であった。

（3）都市形成史——都市計画の適用と開発の進展

マルテン計画

すでに述べたように、キールでは一九世紀中頃から人口増加の兆しが現れていた。加えて一八四四年の鉄道の開通（アルトナ・キール間）をはじめとする交通事情の改善は、ヒトとモノの流れを大きく促進し、市街地の発展を自然にまかせておくだけでは新たな時代の到来に十分対応できないであろうとの懸念を、都市当局は抱くようになっていた。キールではすでに一八四八年に市参事会員のローレンツェン（J. F. N. Lorentzen）が、都市計画局長（Stadtbaumeister）として道路網の改造などを含む都市改造計画を発表していたが、その後の発展を見込んで新たに採用されたのは、同じく市の都市計画局長であったマルテン（G. L. Marten）の計画であった。

一八六九年に提案されたマルテン計画は、パリやウィーンの都市改造で採用されて注目されていた環状道路（リングシュトラーセ）の建設を含み、時代状況の一端がうかがえる。もともとキールの旧市街は湾と湖の二つの水域にはさまれていたために開発の余地は限られていたが、当時市街地は、すでに湖の西側へと広がり、そこに新たな市街地が出現しつつあった。これら新旧の市街地を取り囲むようにして環状道路の敷設は計画された。港湾地区や鉄道駅と市西部、北部地区との互いの連絡も考慮された。ただし、全体的に見れば、開発の中心は市の南側に置かれていたようである（I-4参照）。

概していえば、マルテン計画は成功したとはいえなかった。一八八〇年代のキールでは、新規の道路の敷設や市街地の開発が進められたものの、現実の街づくりはマルテンの計画を

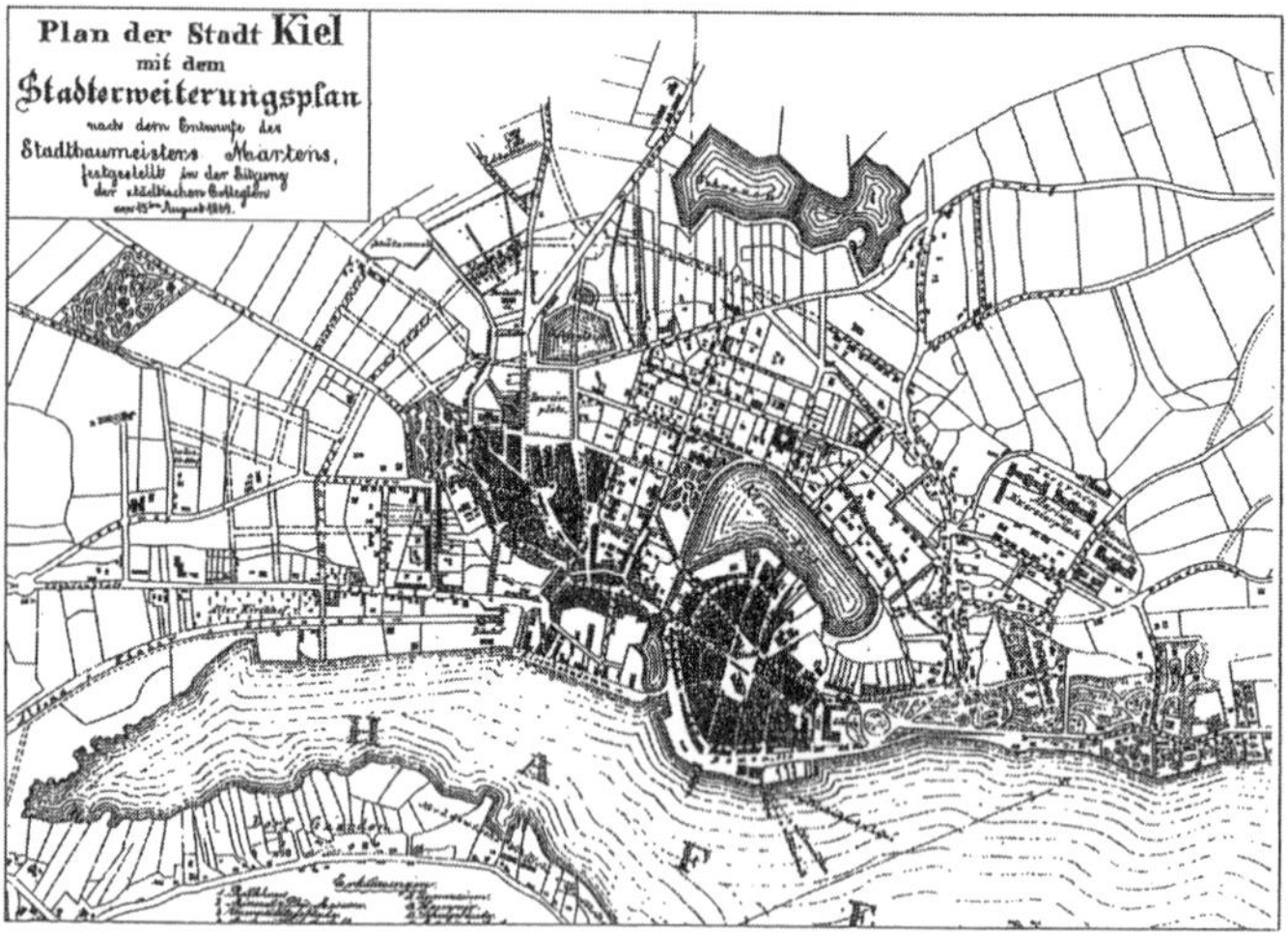

I－4　マルテン計画

I－5　シュヴァイツァー計画

あまり考慮したものとはならなかった。一八六九年に合併したブルンスヴィクでは、特にその南側が海軍施設の集積地区として成長し、周辺地域との交流の少ない軍事色の強い地区となっていた。

シュヴァイツァー計画

一八八三年にキール市当局と議会は、都市計画局員のシュヴァイツァー（C.W.Schweizer）から提案された都市計画案を採用し、彼の案に基づいて改めて総合的な観点から都市整備を進めていくことになった。シュヴァイツァー計画の特徴としては、街区を四角に区切るようにして碁盤の目状の道路網を設定したこと、ブルンスヴィク地区をはじめキール市内で海軍による用地の取得が進みつつある現状を考慮に入れていたことなどが挙げられる（I-5参照）。

だが、彼の描いた幾何学的な図面は、すでにある道路網が十分には活かされておらず、交通量の増加に対する予測も不十分なものであった。やがて、あまりにも形式的で味気ない彼の計画は批判にさらされるようになり、とりわけ土地の起伏といった地理的条件や景観に対する考慮を欠いた直線道路の重視は市民に不評であった。

また、キール湾の東岸では海軍造船工廠をはじめとする造船・係船施設の拡充が続いていた。造船を中心とする大規模な軍需産業集積地域へと様相を変えつつあったこの地区には、多くの労働者が集まってくることが予測された。それゆえ、この湾東岸地区をはじめ仕事を求めてキールにやってくる労働者とその家族にいかにして住宅を供給するかという問題も浮上しつつあった。軍港都市としてのキールの急成長、急変貌も、総合的な見地から再度都市計画を見直す必要を人々に痛感させたのである。

シュテュッベン計画

次なる都市計画の立案のためにキールが白羽の矢を立てたのは、ケルンの都市計画局に勤務していたシュテュッベン（J.Stübben）である。一八九六年に彼はケルンからキールへと招聘《しょうへい》され、五年の歳月を費やしてキールの実情にあった都市計画案を練り上げていった。折しもこの間に、先に述べた二つの艦隊法が帝国議会で可決され、艦船の建造や海軍施設の建設がこの後ますます盛んになることが確実となった。シュテュッベンは、こうした軍事重視の国策がキールとその周辺の自治体の人口増加を招くことを考慮しながら都市計画案を練り上げ、一九〇一年にそれを公表した。

シュテュッベン計画は、その後第一次大戦期までのキール市都市整備計画の土台となった。その基本的な特徴としては、地形を考慮した道路建設、役割に応じた道路の区分、環状・扇状道路における緑地帯の設置といった点が挙げられる（Ⅰ-6参照）。特にシュヴァイツァー

I－6　シュテュッベン計画

計画と対比すると、碁盤の目状の整然とした区画はそれほど目立たなくなり、坂を考慮した道路の形状は変化に富み、長い直線道は回避されていたと指摘される(P. Wulf, Kiel wird Großstadt)。計画の策定に際してシュテュッベンは、旧来からある市街地が開発しつくされていたので、市域を超えた広域空間をイメージしつつ、周辺自治体の合併を念頭に置きながら計画を進めたという。

キールは、周辺自治体の合併を通じて市域を拡大させながら都市整備計画を推し進めていった。造船をはじめとする軍需産業の発展は、キールへの移住者を増加させ、住宅需要の高まりを招いた。宅地の増加も、海軍設備の拡大とともに都市の様相を大きく変えていく要因となったのである。

市街地の開発

かつてキールの市街地は湾と湖に囲まれ、市街地の北側がややくびれて陸続きとなっているだけであった（マルテン計画のⅠ-4を参照）。旧市街ではマルクト（市場）から各方面に狭い道路が延び、道路に制約されながら建物が狭い市街地に密集していた。軍港都市となる前のキールには、昔ながらの中世都市の面影が残されていたのである。

とはいえ、一九世紀に入り市街地の開発が進むに従い旧市街も少なからず変容を遂げていく。道が狭くて小規模な建物が密集していた中世以来の街並みは、再開発の対象とされた。計画に基づき区画整理が進むなかで、近代的な建物が造られ、道路が拡幅・延長されて旧市街各地の行き来が容易になった。中央駅に近い新市街（Vorstadt）は一九世紀中頃から開発が進み、特に駅の開業後は都市計画において重視される地区となった。交通量の増加に伴い、旧市街と新市街との間は鉄筋コンクリート製の橋で結ばれるようになり、道路も拡幅された。

こうした発展が見られる一方で、それまでキールが継承してきた古都としての面持《おもも》ちは少しずつ失われていった。歴史的な建築物の多くが失われていき、開発と保護の選択肢のなかで前者が優先されていった。市街地では、これまでの伝統的な建物に代わって近代的なオフィスビルが増えていくとともに、かつての人口密集地区であった旧市街では、夜間人口の減少が見られるようになった。

一方、旧市街とともに中心地機能を担う新たな市街地として、その南西に当たる湖の沿岸の開発も進められた。やがてこの地区一帯は新市場（Neumarkt）と呼ばれるようになり、オペラハウスや新市庁舎が建てられ、建物の高さを一定にするなど、計画性のある近代的な都市開発地区となった。こうして、かつては空き地が多かったクライナーキール周辺地区でも開発が進み、旧市街から新市街まで連続する街並みが形成されていった（P. Wulf, Kiel wird Großstadt）。

住宅事情

新市街の開発が始まった一九世紀中頃まで、キールでは行政機関や産業施設、住宅などが市街地の狭い区域に無秩序に密集し、それぞれの機能に応じた地区が形成されるまでには至っていなかった。やがて市内流入人口の増大と周辺自治体の合併に伴い、市街地周辺部では住宅街が出現し、他方、旧市街はオフィス街としての性格を強め、夜間人口を減少させていった。また、一九世紀後半になると、住宅街で社会階層に応じた住み分けが少しずつ見られるようになった。すなわち、新旧両市街の繁華街を間にはさんで造船所に近い東部、南部、南西部が労働者のための居住区となり、反対の西部、北部地区がブルジョア的な住宅地区となった。現在でも緑が豊富なデュステルンブローク（Düsternbrook）地域一帯は、キールで最も美しいといわれる高級住宅街をなしている。

ところで、外部からの移住者の増加は、住宅需要の増大につながったが、これら移住者のなかには、職を求めて単身キールにやってきたという者が少なからず含まれていた。それゆえ、建設が進んだのは一戸当たりの部屋数が少ない賃貸住宅であった。

小規模住宅が増えたとはいえ、キールの住宅事情は他のドイツの大都市と比べてそれほど劣悪なものではなかった。ベルリンで見られるようになった殺風景な団地街（Mietskasernen）の出現は、ここでは皆無であった。その理由としては、周辺地域の合併が進み建設用地が比較的豊富であったこと、しかも土地投機はあったとしても海軍施設に近いところに限られ、地価の上昇もそれほどはなはだしくはなく、また住宅貯蓄組合（Bausparrverein）が低所得者層の蓄財や労働者の持ち家比率の向上に寄与した、などの要因が考えられる。また、軍港都市発展期のキールでは他の都市と比べ労働者の年間の就業時間が長く、それゆえに所得も多かったという特徴が指摘されている。その分、他の都市と比べて生活にゆとりがあったということなのであろう。劣悪な住宅の存在はそれほど大きな問題にはならなかったものの、家賃は高く、その変動は大きかったという。とはいえ、世紀転換期になると、やはりキールでもさらなる人口の増加が住宅不足を引き起こすまでになった。そこで都市当局が公営住宅の建設をもってそれに対応し、また、事業所を単位として、民営のゲルマニア造船所やホヴァルト造船所、海軍の魚雷工廠などが、従業員のための住宅を建設していった（R. Wenzel. Bevölkerung, Wirtschaft und Politik. P. Wulf, Kiel wird Großstadt）。

（4）経済的特徴

産業発展

軍港都市となる前のキールには、中世以来の地方都市のたたずまいが残されていた。とはいえすでに、一八世紀末には商都ハンブルクを中心とする交通網整備の流れがキールにも達していた。一九世紀になると蒸気に依存する「動力革命」が、キールとその周辺地域との間のアクセスを改善していく。まずキール湾を見ると、ここでは沿岸の各地が定期船で結ばれるようになった。一八五七年にキールとその対岸のラボーの間で定期船が就航すると、やがてキール旧市街をはじめフリードリヒスオルト、メルテンオルト、ガールデン、エラーベクなどといった地区が蒸気船の発着地となった。一八七五年以降、定期船の運行は二社体制となり、ＮＤＣ社（通称「黒蒸気」）とＨＲＡ社（通称「白蒸気」）との間で旅客の獲得合戦が行な

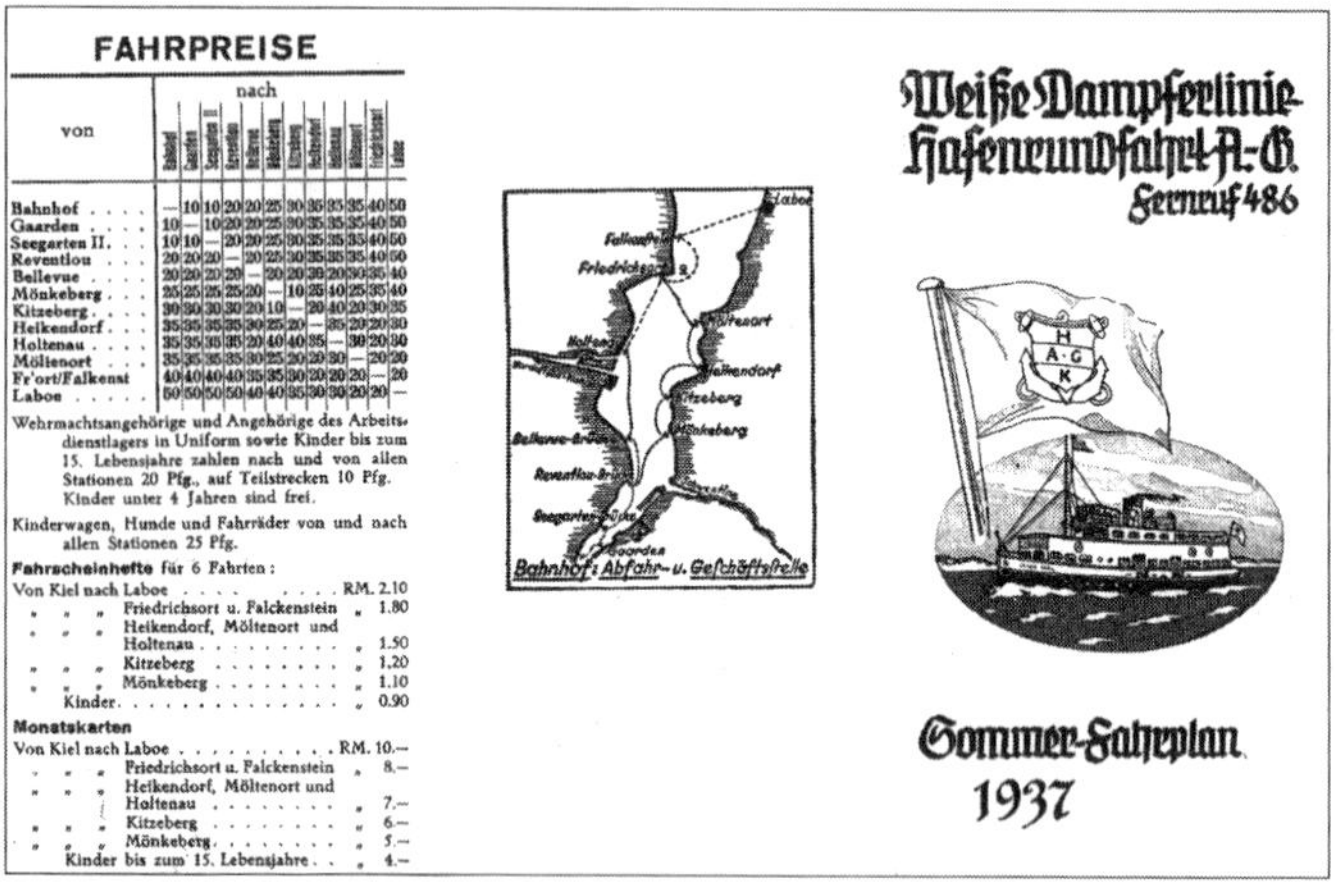

FAHRPREISE

von	nach											
Bahnhof	—	10	10	20	20	25	30	35	35	35	40	50
Gaarden	10	—	10	20	20	25	30	35	35	35	40	50
Seegarten II.	10	10	—	20	20	25	30	35	35	35	40	50
Reventlou	20	20	20	—	20	25	30	35	35	35	40	50
Bellevue	20	20	20	20	—	20	20	30	20	30	35	40
Mönkeberg	25	25	25	25	20	—	10	25	40	25	35	40
Kitzeberg	30	30	30	30	20	10	—	20	40	20	30	35
Heikendorf	35	35	35	35	30	25	20	—	35	20	20	30
Holtenau	35	35	35	35	20	40	40	35	—	30	20	30
Möltenort	35	35	35	35	30	25	20	20	30	—	20	20
Fr'ort/Falkenst	40	40	40	40	35	35	30	20	20	20	—	20
Laboe	50	50	50	50	40	40	35	30	30	20	20	—

Wehrmachtsangehörige und Angehörige des Arbeitsdienstlagers in Uniform sowie Kinder bis zum 15. Lebensjahre zahlen nach und von allen Stationen 20 Pfg., auf Teilstrecken 10 Pfg. Kinder unter 4 Jahren sind frei.

Kinderwagen, Hunde und Fahrräder von und nach allen Stationen 25 Pfg.

Fahrscheinhefte für 6 Fahrten:

Von Kiel nach Laboe . . . . RM. 2.10
" " " Friedrichsort u. Falckenstein " 1.80
" " " Heikendorf, Möltenort und Holtenau . . . " 1.50
" " " Kitzeberg . . . " 1.20
" " " Mönkeberg . . . " 1.10
Kinder . . . " 0.90

Monatskarten

Von Kiel nach Laboe . . . . RM. 10.–
" " " Friedrichsort u. Falckenstein " 8.–
" " " Heikendorf, Möltenort und Holtenau . . . " 7.–
" " " Kitzeberg . . . " 6.–
" " " Mönkeberg . . . " 5.–
Kinder bis zum 15. Lebensjahre . . " 4.–

Ⅰ－7　「白蒸気」の営業案内（1937年）

われた（Ⅰ－7参照）。また陸路では蒸気機関車が動力の主役となり、路線も増えた。ハンブルク・アルトナ方面に延びる路線（一八四四年開通）を幹線として、アッシェンベルク・プレーン（一八六六年）、エッケルンフェルデ（一八八一年）、シェーンベルク（一八九七年）、レンツブルク（一九〇四年）などに向けた路線が開通し、キールは鉄道輸送における拠点性を高めていった。このような交通基盤の整備を目の当たりにして、産業都市としてのキールの発展を思い描いていた経済関係者もいたことであろう。

帝国軍港に指定されたことにより、キールでは海軍関連施設や係船地の整備が進んだ。また、海軍からの艦船の受注は、造船業を中心にこれまで以上の産業の発展を招いていった。この点をヴェンツェルが挙げるデータから確認しよう（R. Wenzel, Bevölkerung, Wirtschaft und Politik）。それによると、一八七〇年のキールに存在した製造所・事業所数はわずか三五であったが、その数ならびに就業者数は、二〇世紀初頭に向けて大きな増加を見せた。例えば、機械・器具部門では、一八八二年から一九〇七年にかけて製造所・事業所数は三四から二五六に、就業者数（本業としての就業者）は一、六九六人から七、八四八人へと増えた。また建設業では、同じ期間に製造所・事業所数は四四から五八二に、就業者数（本業としての就業者）は一、二二三人から九、八五二人へと、これも著しい伸びを見せた。軍港都市としての発展は、確かに産業都市としての発展を伴ったのである。

軍需への依存

製造業を中心に産業面での発展が実現したとはいえ、キール経済に対する後世の識者の評価は、あまり芳しいものではなかった。概して言えば、キールの産業は多様性を欠き、産業構造に偏りが見られた、というのがその評価であった。

本来であれば、バランスの取れた産業発展を心掛けるはずの商業会議所自体が、このことに熱心ではなかったとヴェンツェルは指摘する（R. Wenzel, Bevölkerung, Wirtschaft und Politik）。商業会議所は、キールが軍港都市として発展することを早くから予測し、実際、軍需と関係する造船業は大いに発展した。しかし、産業全体を見渡せば、その構造はバランスを欠いたものであった。造船以外に製造業で基幹産業に値するものは育たなかったのである。しいて挙げれば、造船と関連した業種で鎖、錨《いかり》、ウィンチ、船窓などの製造が目立つようになった。また、それ以外では食品や嗜好品《しこうひん》の製造、例えば、製粉業とビール醸造業がわずかに盛んになり、食品のなかでも魚介の燻製《くんせい》、マリネ製品は外国へ輸出されるほどの発達を見せたほか、人口急増を受けて建設業、木材加工業も操業規模を増した。しかし、伝統のある蒸留酒の醸造や製塩業、麦藁帽子の製造業などは、かつての宗主国であるデンマークへの販路を失ったことにより衰退し、チョコレート、砂糖、石鹸、タバコなどの製造も、かつての勢いを失ってしまった。ともあれ、それだけ海軍と造船業に依存し、さらには国の軍事政策に経済情勢が左右されるような都市経済体制が、キールには形成されつつあったのである。

その点を主要な造船所や工廠における就業者数を見ることにより確認しておこう。ゲルマニア造船所は、キール最大の民営の造船所である。海軍造船工廠と同じくキール湾東岸のガールデン地区に位置し（Ⅰ－8参照）、一九〇二年に鉄鋼・兵器製造で名高いクルップ社に買収されて同社の艦船建造のための造船所となった（諸田實『クルップ』）。その時点での従業員数は約六〇〇人であった。やがてその数は、一九一二年には五、五四七人、第一次世界大戦終了の年の一九一八年には一〇、五〇七人にまで増加した。同大戦の末期には、キールのクルップ社の従業員だけで一万人を超えるまでになったのであった。同じく湾東岸のエラーベク地区にあるホヴァルト造船所では、一九一四年の従業員数は約三、〇〇〇人であった。また、海軍の造船工廠と魚雷工廠の従業員数を挙げると、一九一四年には前者が約一四、〇〇〇人、後者が約二、四〇〇人であった。

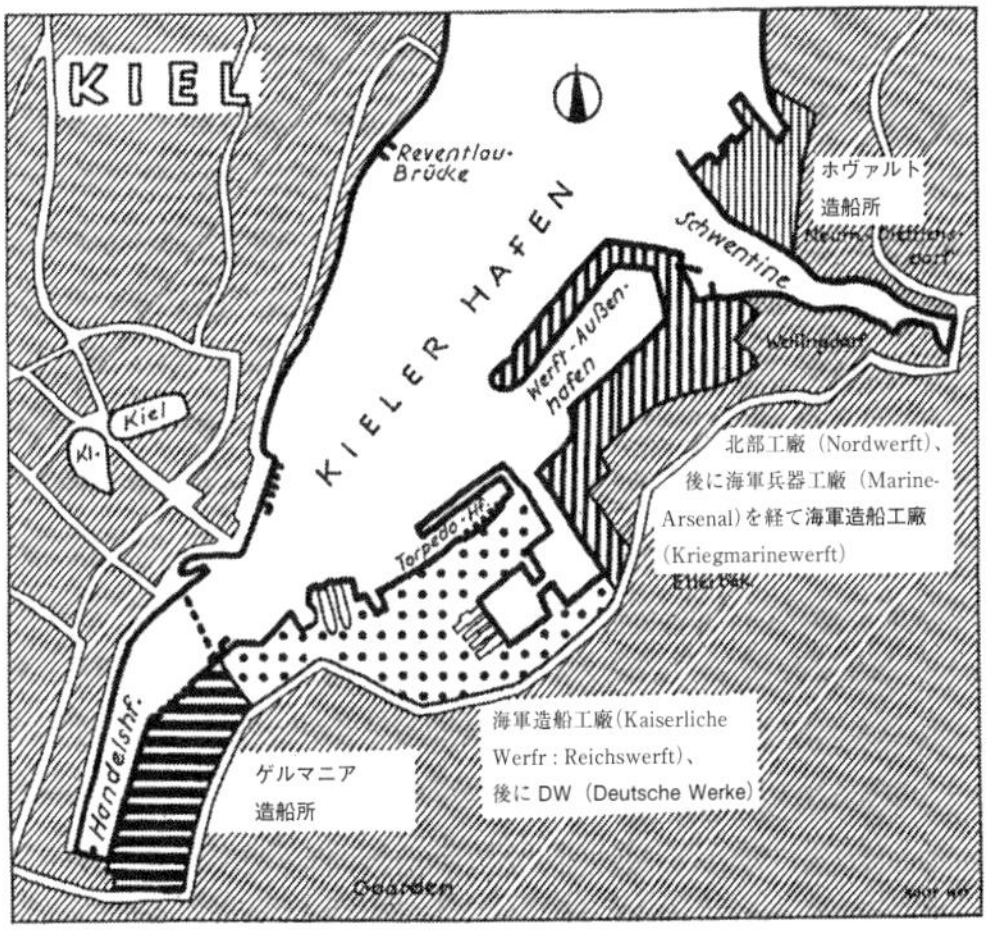

I－8　キール湾東岸の主要造船所

すなわち、海軍・造船に関連する主要製造所だけで第一次大戦の期間を通じて二五、〇〇〇人から三〇、〇〇〇人近い人々が職を得ていたことになる。これはキール市の人口（一九一四年二二五、一六一人、一九一八年二四三、二四八人）の一〇%以上に相当する。これに加えて下請けなどの造船関連産業に従事する多くの人々が存在した。さらにこれらの人々により養われていた家族も考慮すれば、極めて多くの市民が軍需・造船産業に依存していたキールの当時の状況が見て取れるであろう。他の港湾都市、商業都市と比べて特異とも言える経済・産業構造を備えていたであろうことは容易に推測できる。

キール経済に対する評価

帝国軍港への指定後のキールは、軍需を母体として発展していくことが期待された。都市発展の方向性が歴然としていたからであろう、軍事優先の国策に安易に依存しながら海軍や造船に関連する特定の経済部門だけが肥大化することの危険を指摘する産業関係者もいた。例えば、一九世紀後半にキールの海運業界の重鎮となったアウグスト・ザルトリは、キールが軍港都市として本格的な発展を見せる前から偏った経済の発展に関して警鐘を鳴らしていた。実際、ザルトリが属していた海運・貿易業界の発展は、造船業界のそれと比べると思いのほか小さかった。一八七〇年から一九一四年にかけてキール港の輸入は、確かに四倍の増加を見せたとはいえ、貨物の取扱量は、それでもブレーメンやハンブルクといったドイツの主要港と比べればはるかに小さく、積換え港としてのキールの役割もたいしたものではなかった。この期間を通じてキール船籍の貨物船の大きさはほとんど変わらなかったとの指摘もある（R. Wenzel, Bevölkerung, Wirtschaft und Politik）。

だが、ザルトリが抱いていたような懸念を表明した者は少数であり、大方の産業関係者は、与えられた軌道に乗っていけば明るい未来が切り開かれると考えていたようである。軍港都市としての発展が大いに見込まれるなか、商業会議所は、キール経済が海軍と造船所を中心に展開しつつある現状を肯定的に「誇らしげに（selbstgefällig）」評価した。海軍と造船所の存在ゆえに各商店・事業所は売り上げを伸ばし、労働者に職が与えられているということを、商業会議所は十分認識していたのであった（R. Wenzel, Bevölkerung, Wirtschaft und Politik）。海軍当局も、当然ではあろうがキールの産業界における自らの影響力の大きさを熟知していた。海軍関連産業を除けば、キールの産業など、周辺地区でのビールの販売かせいぜいシュプロット（鰊の仲間の小魚）の販売に限られるのではないか、という当時の海軍当局のキールの産業界に対する見方が伝わっている。

キール経済の海軍と造船業への過度の依存は、やがて第二次世界大戦が終結した後に経済学者ゾトマンにより改めて指摘され、批判されることになる。しかし、それはまだ先のことである。

第3章　最初の敗戦──第一次世界大戦後のキール

（1）平和の到来──経済への影響

第一次世界大戦に向けて

艦隊法の制定に基づく一連の艦船の建造は、キールに軍需造船景気をもたらした。各地から仕事を求めて、多くの労働者がキールへと集まってきた。周辺自治体の合併も加わり、二〇世紀を迎えてからのキールは著しく人口規模を拡大した。例えば、一九〇〇年から一九一〇年の一〇年間に、人口は一〇七、九七七人から二一一、六二七人へと二倍近い伸びを見せ、大戦が終了する一九一八年には二四三、一三九人にまで達した。開戦の一九一四年にキールの駐留兵は二二、〇〇〇人から三一、〇〇〇人へと増員された。こうした数多くの兵士の存在も、彼らの生活を維持するための商品の納入を通じて軍事とは直接関係のない産業にも、少なからず好影響を与えたものと推測される。

人口の増加とともに、市内では公共交通網が充実を見せた。一八九六年には、これまでの

I－9　キールの路面電車（20世紀初頭）

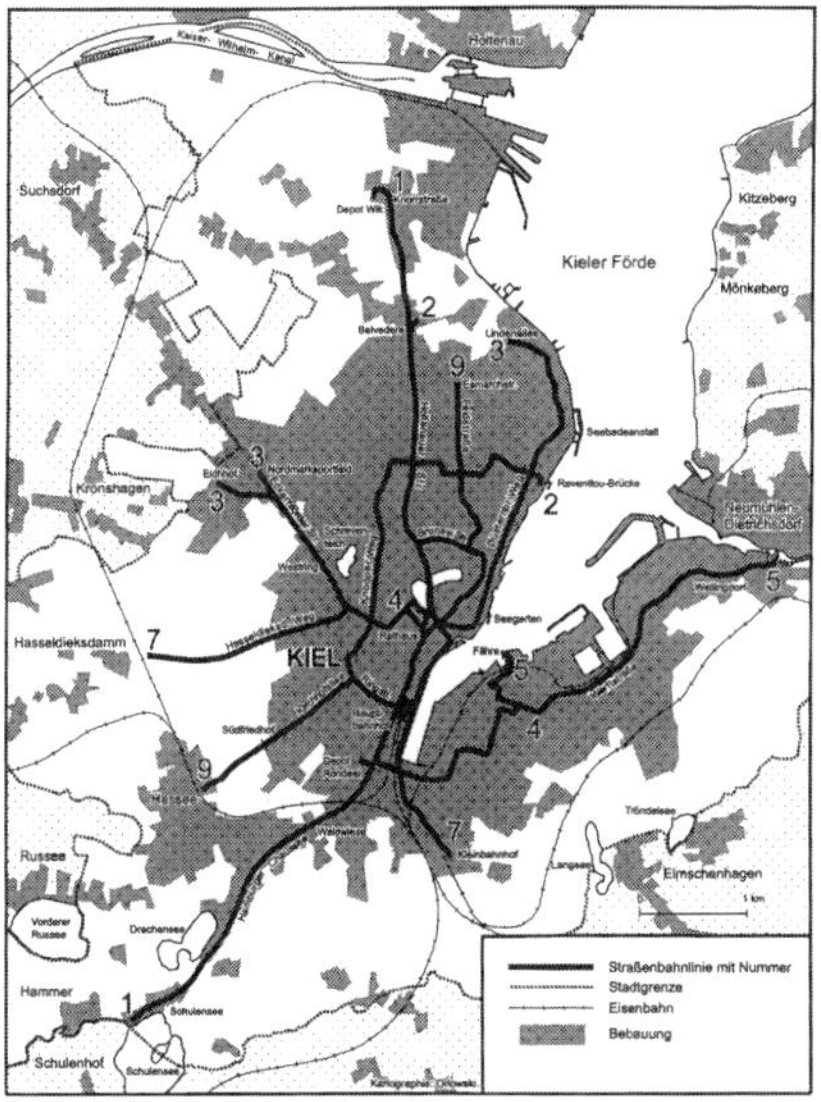

I－10　路面電車の路線網（1915年）

鉄道馬車に代わって路面電車が運行を開始した（I－9参照）。その利用客数の伸びは著しく、例えば一九〇一年から一九〇八年にかけてその数は五四〇万人から一、〇五〇万人へと増えた。電車運行の頻度は都心に近いところで五分おき、頻度の少ないところでも一〇～二〇分間隔で運行がなされたという。大戦中の一九一五年の運転系統図を見ると、都心部（旧市街）を中心に、キール湾の東岸や西岸のみならず市の南部や西部へと、市内各地に路線が延びている状況を見て取ることができる（I－10参照）。駐留兵の増加により兵舎の建設が相次ぐヴィク、ブルンスヴィクなどのキール湾西部と造船業の発達により労働者の住宅街として開発が進む湾東部が、市の中心部と路面電車で結ばれた。キールは大戦の開始後も、軍需により活力が与えられ、繁栄を続けたのである。

苦難の時代

しかし、戦後のキールは一転して苦難の時代を迎える。大戦中は艦隊基地となったキールではあったが、ドイツの艦船が活躍する機会はユトランド沖での海戦（一九一六年）しかなかった（I-11）。大戦の後半、イギリスによる食糧封鎖とドイツの食糧政策の不備は、「カブラの冬」の名称で知られる深刻な飢饉を国内に招いた。食糧の供給問題は、キール軍港を舞台とする有名な水兵の反乱を呼び起した。それがベルリンに飛び火し、ドイツ革命につながったことはよく知られる。それゆえ、この軍港都市を「赤い牙城」と呼ぶ者もいた。

ドイツは大戦で敗北した。しかし、キールにとっては戦争の終了自体が大きな痛手であった。ヴェルサイユ条約調印（一九一九年）後の軍縮は、海軍規模の大幅な縮小と艦船の建造停止をもたらし、海軍関係者および造船をはじめ軍需関連産業に従事していた人びとの大量解雇につながった。ドイツが仮に戦勝国であったとしても、平和の到来による軍需の縮小は、戦争景気により潤ったキールの社会や経済を大きく混乱させたと推測される。軍港都市の宿

Ⅰ-11　キール湾に停泊中の艦船（1918年）

命である。

敗戦はキールにどのような影響を与えたであろうか。それを如実に語るのは人口の変動であろう。敗戦を迎える一九一八年まで人口は増加を続け、この年の人口は二四三、一三九人に達した。ところが、翌年には二〇五、三三〇人にまで減り、率にして一五・六％もの減少を見せた。わずか一年間のうちに三七、八〇〇人ほどの人が、海軍の人員整理や戦後不況のさなかの解雇などによりキールを離れたのである。ゾトマンは、海軍の規模縮小によりキールの産業界が手にするはずであった多くの利益が失われてしまったとして、次のような試算値を挙げている。すなわち、海軍からの艦船の受注がなくなったことにより毎年七、五〇〇万マルクを、また、三五、〇〇〇人の駐留兵がキールをあとにしたことにより同じく毎年七、五〇〇万マルクをキールの産業界は手にすることができなくなったというのである（A. Zottmann, Kiel. Die wirtschaftliche Entwicklung）。人口の市外への流出は、市内における全体的な購買力の低下を意味したのみならず、高額納税者の市外への流出は、税収の減少を通じて都市財政を悪化させる要因にもなった。

海軍と産業界が大幅な人員整理を行なった結果、多くの労働者がキールを離れて地元に戻った。しかし、それでも市内の失業者数は減ることはなかった。一九一九年一月の時点で一万人ほどであった失者数は、一九二二年から二三年のハイパーインフレーションの時期を経て、一九二六年末には一六、六七六人へとむしろ増えてしまった。記録的なインフレのさなか、キールの労働者は生活の苦しさを行動で訴えた。一九二三年八月、ホヴァルト造船所の労働者集団に、ゲルマニア造船所、それに戦後海軍工廠の民営化により誕生したドイチェ・ヴェルケ造船所の労働者が合流し、市中心部までの行進を試みたが、途中警官隊により阻止されてしまったことを、当時の地元紙（八月九日付の Kieler Zeitung）は伝えている（C. Geckeler, Erinnerungen an Kiel zwischen den Weltkriegen）。この後ようやくキール経済の建て直しが功を奏し、状況はやや改善されていったものの、一九二〇年代末の世界大恐慌の到来は、造船業を中心とするキール産業界にまたもや打撃を与えてしまった。一九三二年一二月末のキールの失業者は三四、五六二人に達し、その業種別の内訳は、鉄・金属工業が六、三五三人、非熟練労働者が六、一三二人、商店店員が二、九二九人、家内労働二、二七〇人、建設業二、一一二人、交通一、八七四人などであった（Statistische Monatsberichte der Stadt Kiel, Jg. 1933, Nr. 1. A. Zottmann, Kiel. Die wirtschaftliche Entwicklung より引用）。鉄・金属工業部門や非熟練労働者の失業者の多さから、ゾトマンは当時造船業が置かれていた苦境を読み取ろうとする。この年、ドイツ全体の失業率は三〇％近く（二九・九％）にまで達していた（成瀬治ほか編『世界歴史大系ドイツ史3』）。

平時への対応

敗戦とともにキール市当局のみならず多くの市民は、これまでのキールがあまりにも多くを海軍に依存しすぎてきたのではないかとの疑念を抱くようになった。かねてより、経済が過度に一面的に特定の経済部門に依拠している状況は、十分認識されていたとはいえ、それが特段問題視されることはなかった。先にも述べたように、むしろ海軍と造船業という経済の核となる部門の存在を肯定的に捉える向きさえ存在したのだった。しかし、敗戦後の軍需停止が巻き起こした混乱は、海軍への依存体質から脱却し、戦争とは無縁の平和産業を構築していくことの必要性を、改めて多くの人びとに痛感させる契機となった。

それゆえ、今後に向けた対応として、例えば製造業界では、周辺の豊富な農産物を利用した食品加工業の振興が検討されたほか、産業全体の平和的発展を目的として、空港の建設や博覧会の開催を模索する動きもあった。キール在住の軍関係者の数を、戦前と戦後のキール市の総人口がほぼ同規模であった二つの年で比較してみると、戦前の一九一〇年（人口二一一、六二七人）が二一、八三一人であったのに対し、戦後の一九二五年（二一五、七六九人）は四、一六九人のみであった（P. Wurf, Die Stadt auf der Suche nach ihrer neuen Bestimmung）。海軍規模の縮小とそれに伴う軍需の減少にいかに対応していったか、以下、主要産業である造船業、それに脱軍港の舞台となったキール港の二点に光を当ててみよう。

造船業

キールの基幹産業は造船である。しかし、戦争の終結と海軍規模の縮小により、これまでのように海軍からの艦船の受注と修理に一面的に依存することはできなくなった。ヴェルサイユ条約は、ドイツ海軍に数を限ったうえでの、しかも一万トン以下の艦船の保有しか認めなかった（成瀬治ほか編『世界歴史大系　ドイツ史3』）。それゆえ造船業界は、民間の商船の受注と修理に活路を見出そうとし、さらに造船所の既存の設備を活かして造船以外の製造業へも乗り出そうと試みた。やがてキールでは、蒸気機関車や貨車、耕運機、内燃機関、船舶用の各種機械、通信・電信設備などが生産されるようになった。

このような造船・製造業界再生の試みは、ある程度の失業率の軽減につながった。ドイツ国内の海運業界の再建に加えて戦後のマルク安による外国からの受注の増加も、キールでは、海軍からの受注の減少をある程度補うことになった。しかし、船舶以外の製造業への進出は、採算面で問題があった。さらに世界大恐慌の到来は、民間からの船舶受注を急減させてしまい、再度の飛躍の時期を迎えようとしていたキールの造船業界に再び危機をもたらしてしまった。

ここで第一次世界大戦後のキールの産業構造を見てみたい。一九二五年の就業者数に関する統計（大分類）からそのおおよその構造を探ると、最多を占めたのは工業・手工業部門であり、四二、六七二人（全就業者の三九・二%）、以下商業・交通部門の二三、〇七一人（二一・二%）、管理（Verwaltung）部門の一五、一三三人（一三・九%）などと続く。やはり、造船業を含む工業・手工業の比率が高く、この年、この部門により養われていたキール市民の数は、全人口の四四・一%（九四、四三一人）に及んでいた。また、ヴァイマール共和国時代のキールでは、約三七、〇〇〇人、比率にしてキールの人口の一七%までもが造船業により生計を立てていたとの指摘もある。総じていえば、第一次世界大戦後においてもキール経済の重心は、なおも造船業を中心とする工業部門にあったと述べてよいだろう（P. Wurf, Die Stadt auf der Suche nach ihrer neuen Bestimmung. A. Zottmann, Kiel. Die wirtschaftliche Entwicklung)。

主要造船所

各造船所の対応はどうであっただろうか。まず、キール最大の造船所である海軍造船工廠は、一九二〇年より民営に向けた改組が進められ、一九二五年にドイチェ・ヴェルケ・キール社（以下ＤＷＫと略）として再出発を果たした。キール湾西岸の北部、フリードリヒスオルトにあった旧海軍の魚雷工廠も同社の製造所になった。一九二〇年代のＤＷＫは、タンカーや貨物船などの民間向け船舶の建造により、少しずつ業績を伸ばしつつあった。しかし、経済恐慌によるダメージは大きく、一九二九年から三〇年にかけては人員の削減を敢行し、政府からの支援を仰いだ。一九三一年にはゲルマニア造船所との合併話も浮上したようであるが、これは従業員とキール市の強い反対にあい、立ち消えとなった。

ゲルマニア造船所は、一九〇二年にクルップ社の傘下に入ってから同社の艦船建造を担い、Ｕボートをはじめ多くの軍艦がここで進水した。一九二三年にはフリードリヒ・クルップ・ゲルマニア造船所・キールとの社名でクルップ系の一企業として独立を果たした。キール第二の規模を誇るこの造船所も、一九二〇年代後半にかけて業績は上向き傾向にあったものの、やはりその後の経済危機の影響は免れようもなく、一九三一年以降損失が目立ってくるとクルップ本社からのてこ入れを受けて危機をしのいだ。

第三の造船所であるホヴァルト造船所も、戦後はいち早く商船の建造に乗り出し、戦後の新体制への適応を試みた。しかし、一九二四年にはストライキの長期化が業績の悪化を招いてしまい、一九二六年に会社を一度解散し、再出発を図った。一時は三〇〇名にまで減ってしまった従業員数は、一九二八年には一、八〇〇人にまで持ち直すまでとなった（P.Wurf. Die Stadt auf der Suche nach ihrer neuen Bestimmung）。

軍港から商港へ

キール港は、軍港であるとともに商業港でもある。しかし、帝国軍港に指定されて以来、もっぱら軍港としての役割が重視されてきた。敗戦を契機に、キールが海軍依存体質を拭い去り、バランスのとれた産業都市としての発展を目指すのであれば、改めて貿易港としての施設を整えたうえで取引規模を拡大していくことが求められた。

キール港は、帝国軍港に指定されただけに、港としての地形的な条件に恵まれていた。しかも、北海・バルト海運河（カイザー・ヴィルヘルム運河）のバルト海側の出入り口に位置していたため、北海・大西洋へのアクセスという面でも有利な位置にあった。

しかし、これまでのキール港は、貿易港としては十分な発展を見せてこなかった。その理由として、まず北海・バルト海運河が、キールを通過する航路を生み出してしまったという事情があった。また、フィヨルド型の港であるため、キール湾奥の水域が狭く、しかもその周辺で利用可能な土地が不足していたという理由もあった。こうした条件のなかで軍港と商港が共存していたため、商船の係留や貨物の積換えとその保管、さらには臨海地区での工場建設のためのスペースの確保が難しかったのである。一八九〇年代に、キール市はヴィク地区に新たな港の建設を計画した。しかしこれは、上述のように海軍の反対にあい中止となったのであった。

戦後キール市は、このヴィク地区の商港の建設を再度海軍に働きかけた。北海・バルト海運河の入り口近くにあった海軍の燃料補給港が戦後利用されなくなると、キール市当局は、改めてその敷地が購入できないか海軍と折衝を行ない、一九二〇年にようやくその土地の一部を二〇年の期間で借り受けることで合意がなされた。そこは工業を誘致するには狭すぎ、わずか二〇年を期限とする借地契約ゆえに、建設費のかさむ建造物を建てるわけにはいかなかった。とはいえ、運河南岸に沿った水域には、ノルト・ハーフェン（北港）が新たに建設され、穀物倉庫や貨物列車のための引込み線が設けられた。運河の北、キール湾に面したフォスブローク地区でも、新たな港湾施設の建設が進められた（A. Zottmann, Kiel. Die wirtschaftliche Entwicklung）。

貿易

このような商港施設の拡充は、キール港全体の狭さを十分補うまでには至らなかったとはいえ、戦後、同港に寄航する船舶の数と貨物の取扱量は増加した。キールに寄港する船舶の数は、終戦の一九一八年には二、〇七四隻（入港数一、〇二〇隻、出港数一、〇五四隻）にまで落ち込んだものの、一九一九年には早くも三、〇〇〇隻を、一九二七年には一〇、〇〇〇隻を超えるまでになり、その後はほぼ毎年一〇、〇〇〇隻以上を維持する水準で推移するようになった。また、貨物の取扱量は戦後すぐには回復せず、一九二一年には六六、六五一トンと戦前の盛期――一九〇一年と一九〇六年には八〇万トン以上を記録していた――の十分の一以下にまで下落した。とはいえ、その後は急速な伸びを見せ、一九二七年には六〇万トンを超えるまでに回復した。

こうして第一次世界大戦後、キール港は商港として再出発し、まずは順調な滑り出しを見せた。しかし、その発展は軍港都市というキールのイメージを払拭するほど著しいものではなかった。キール港の貿易規模は、シュテッティンやケーニヒスベルク、リューベックといったバルト海の主要港と比べればかなり小さく、有力な海運業者もキールには存在しなかった。加えて貿易構造にも大きな欠点が存在した。それは、輸入に比べて輸出がはるかに少ないということである。例えば、一九三〇年のキール港の貨物取扱量は、七〇万トンの大台を超えたものの（七四六、〇五九トン）、そのうち輸入は六二〇、二四五トン、輸出はわずか一一五、八一四トンにすぎなかった。これは、キール港周辺およびそのヒンターラントにおける輸出向け工業の未発達を物語るものであろう。船舶の運航に必要な燃料や造船資材である鉄・鉄鋼、木材、それに食糧が大量に輸入される一方、輸出向けでは、食糧、嗜好品とわずかな鉄・鉄鋼があるにすぎなかった（A. Zottmann, Kiel. Die wirtschaftliche Entwicklung）。産業の多様化への動きがあったとはいえ、キール港の貿易構造からそれをうかがうことはできない。製造業の中心には、相変わらず造船が位置していたのである。

（2）都市開発の進展——都市社会の諸相

人口の変動

次に、第一次世界大戦後の都市社会について見てみよう。敗戦とともに、キールは一時極端な人口の減少を経験した。とはいえ、回復は早かった。大量の人口流出は一九一九年内に食い止められ、その後はまた少しずつ人口は増えていった。例えば、一九一九年（二〇五、三三〇人）から一九二五年（二一三、八八一人）にかけての人口の伸び率は四・二％であったが、この間の増加には、以下で述べる周辺自治体の合併による増加が含まれる。また一九二五年からナチスが政権を掌握する一九三三年（二一八、三三五人）にかけての伸び率は二・一％であった。

戦後直ちにキールを去った人々のなかには、戦前に仕事を求めて外部から軍需景気に沸くキールにやってきた人が少なからず含まれていた。それゆえ、戦後は人口全体に占める「よそ者」の比率が減り、その分キールは地元に根ざした街になったといえるだろう。景気の沈静化により移出・移入の頻度はおそらく戦前と比べて少なくなった。平和がこのまま続いたとすれば、それがキールの街に落ち着いたたたずまいを醸成し、街の景観や治安、福祉などについて、もっと真剣に考える機運が市民のなかに生まれていたかもしれない。

ただし、「よそ者」の流出は、働き盛りの男性人口の流出を伴った。市内では二五歳から三五歳までの層の人口が減少したほか、若者の減少と戦後の混乱が出生率を引き下げ、新生児や児童の数もが減ってしまった。かくして戦後のキールでは、人口全体に占める高齢者の比重が高くなってしまい、これも経済面でなんらかのマイナスの影響を与えることが懸念されていた。それだけに、これまでの海軍・造船に代わる新たな経済基盤の創出が求められたのだった。

ところで、敗戦は男性のキール離れを引き起こし、それが就業者全体に占める女性の相対的な比重を押し上げた。とはいえ、キールはなおも他都市に比べれば女性の社会進出が遅れた都市の一つであった。一九二五年における就業者全体に占める女性の比率を見ると、ハンブルクは三〇％、ベルリンは三七％であったのに対して、キールはかなり低く二三・九％でしかなかった。戦争が終わったとはいえ、キールはなおも男性の労働力に依存する度合いが他のドイツ主要都市と比べて高かったのである（P.Wurf, Die Stadt auf der Suche nach ihrer neuen Bestimmung）。

市域の拡大

キールと周辺自治体の合併は第一次大戦後も続いた。市内にはまだ利用されていない土地がかなり残されており、それゆえ当面、合併は必要なかったと考えることもできる。しかし、一九二二年には、北海・バルト海運河北部のホルテナウ、フリードリヒスオルト、プリース、また一九二四年には湾東岸のノイミューレン―ディートリヒスドルフといったキール湾に近い自治体が合併されていった。

合併がなされたのは、港として利用可能な土地を確保するためであった。上でも述べたように、軍港都市キールでは、民間貿易のために利用可能な施設やスペースが限られていた。戦後、海軍規模は縮小されたとはいえ、地形的条件から商港として利用できる土地は限られ、工場誘致に必要な土地も十分ではなかった。戦後、目標とされるようになった産業の多様化のためにも、港湾用地の確保はキール経済にとって必須の課題だったのである。

　さて、一九二二年にキールと合併することになった上記三地区は、住民の多くが海軍から収入を得ていた地であり、それゆえに戦後の脱軍事化の時代、これら三地区は経済的に厳しい状況下に置かれていた。フリードリヒスオルトは海軍の魚雷工廠の所在地であり、プリースも同工廠の従業員が多く住んでいた地区である。戦時中は五、〇〇〇人以上に達していた工廠従業員のかなりの部分が、戦後職を失ったと考えられる。またホルテナウも海軍による開発が進められ、海軍への経済的依存度が高い地区であった。しかし一方で、フリードリヒスオルトとプリースには未開発の長い海岸地帯が存在し、またホルテナウは北海・バルト海運河の出入り口に当たり、海上交通のアクセスの面で恵まれた地区であった。キールは、商港としての発展を図るべく、そのための施設拡充のための用地確保と引き換えに、これらの地域が抱えていた経済的な困難を背負うことになったのである（P. Wurf, Die Stadt auf der Suche nach ihrer neuen Bestimmung）。

新たな都市計画

　運河の北側にまで市域が拡大し、工業用地の拡大が図られていた頃、キールでは、新たな都市計画に基づいた街づくりが始まった。これまでのシュテュッベンのプラン（一九〇一年）

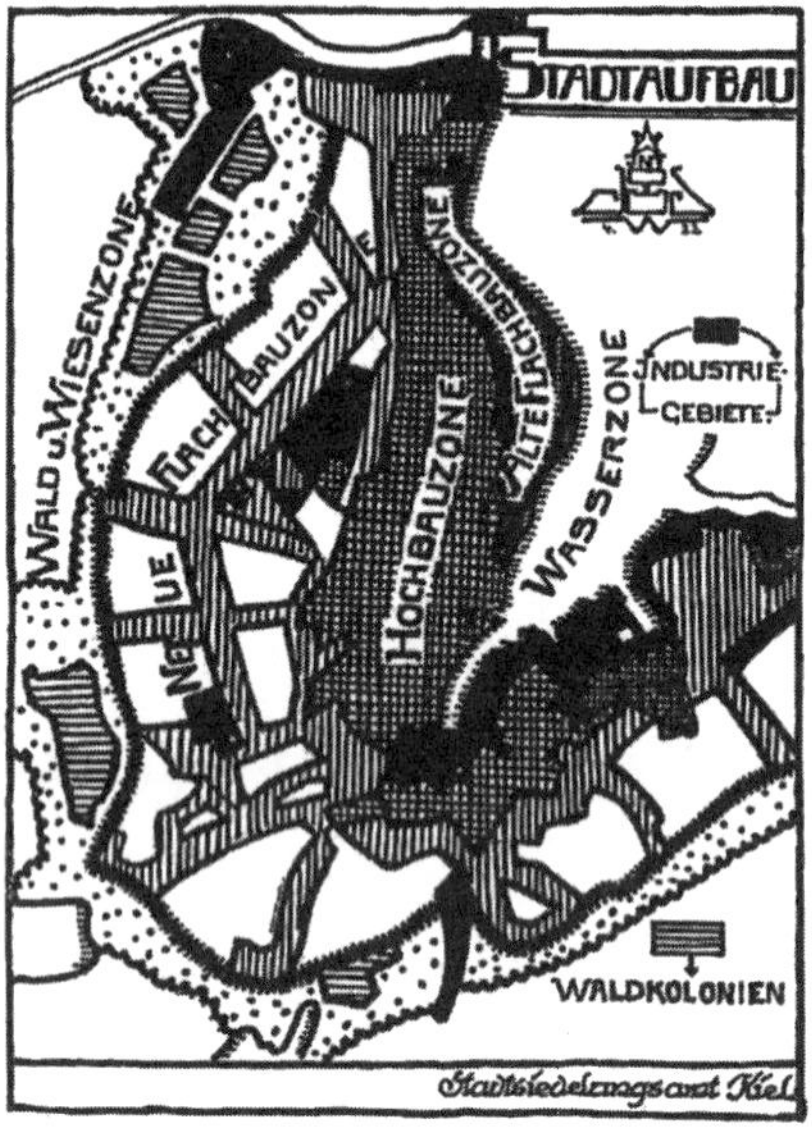

I-12　ハーン計画

に代わって新たに採用されたのは、市の都市計画局員ヴィリイ・ハーン（Willy Hahn）が作成した都市計画である（I-12参照）。ハーンの都市計画の特徴は、イギリスで誕生した田園都市構想の理念が盛り込まれていた点にあった。

軍港都市という言葉が喚起するイメージから、われわれはキールを灰色の艦船ばかりが目立つ荒涼とした都市と見なしてしまうかもしれない。しかし田園都市構想が受け入れられつつあったつかの間の平和な時代、キールでも建物が密集する都心部を脱出して、空気が新鮮で緑が豊富な郊外で、ゆったりとした開放的な住宅を求めようとする機運が高まっていた。そのような住宅の周辺には運動場やプール、レクリエーション施設のほか、老人ホームや集会場といった公共施設も完備されていることが理想とされた。こうした声を反映してハーンは一九二一年に計画の最初の素案を公表した（150 Jahre Mobilität）。

ハーン計画では、旧市街を含むキール湾西岸の戦前からの繁華街と東岸の造船所地区の南側とが高層建築ゾーンとして設定された。その外側は低層建築ゾーンが取り囲み、さらにその周りには、広大な緑地が広がるとともに運動場や公園、各種公共施設が設けられた。高層建築ゾーンから郊外に向けては幹線道路が放射状に広がり、その道路の周辺地帯は低層建築ゾーンに設定された。幹線路は、さらにその外側に広がる森林・草原ゾーンへと延び、その先の郊外、衛星都市に通じていた。こうした放射状の道路やそれらを互いに連絡する環状道路（リングシュトラーセ）は、以前のシュテュッベン計画から引き継がれた。また各ゾーンに加えて、ハーン計画では、湾東岸の造船所地区や北部の運河入り口周辺など、市内数箇所に工業地区が設けられた。造船以外の工業を積極的に立ち上げ、産業の多様化を目指そうとするキール市側の意向は、このような都市計画にも反映されていた。

一九二〇年代のキールでは、「ハイマートシュッツ」と呼ばれるエルベ北方の郷土色を強調したレンガ造りの建物が盛んに建設された。ハーンはこうした嗜好に理解を示すとともに、現代的な様式の建物も都市計画に積極的に盛り込んでいった。バウハウスのシンプルな即物的といわれる様式である。モダン都市の時代、内外の建築に広範な影響を及ぼしたドイツの建築思潮は、軍港都市にもその刻印を施したのである。

交通事情の改善

ハーン計画では、高層と低層の建築ゾーンや工業地区がそれぞれ区分されて、商工業地域と住宅地域とを分離することが理想とされた。それゆえ、第一次世界大戦後のキールでは、市の内外を結ぶ近郊ないし遠隔地間の交通に加えて、通勤などで日常的に市内各地を移動するための交通の整備も進んだ。

自動車の社会的な役割が高まるにつれ、キールでも道路の建設と拡幅が、自動車台数の増大を視野に入れて実施されていった。とりわけ市域が北部に拡大したので、南北間の自動車交通が大きな意味を持つようになった。

その一方で、都市規模の拡大と市内における普段の移動の増大は、公共交通機関のさらなる充実を必要とした。先にも指摘したようにキールでは、路面電車が造船所の集積するキール湾東岸と海軍関連施設が多く集まる湾西岸北部のヴィク方面、それに旧市街や中央駅がある中心部を結び、人々の足として活用されていた。また定期船も、深く穿たれたキール湾の各所を連絡し、湾全体が日常交通の場となっていた。

さらに第一次大戦が終了すると、大型の自動車の活躍が目立つようになった。乗り合いバス（Omnibus）とトラックである。路面電車の登場以降も余命を保っていた馬車は、いよいよバスに置き換えられていき、貨物輸送ではトラックが広く用いられるようになった。一九二〇年代中頃には、キールのみならずドイツ全土を通じて、馬車の定期的な運行は、ほぼ姿を消すことになった。キールで最後の辻馬車が見られたのは一九二六年であったという。バスの路線と便数の増大は、一九二〇年代末になると定期船の客を奪うことになり、運航会社の経営を圧迫するまでになった。

しかし一方で、交通手段相互の連絡は改善され、体系的な輸送体制が整備されていった。例えばいくつかの改善点としては、路面電車の終点でバスが接続するようになり、そこから先の郊外との連絡が容易になったことや、ヴィク地区で路面電車が運河まで延長されたことにより、運河を発着する定期船からの乗換えが楽になったことなどが挙げられる（150 Jahre Mobilität）。

第4章　ナチズムの時代――再度の繁栄

（1）再度の軍港都市化――軍事経済の展開

ナチス政権と経済

一九三三年一月三十日、ドイツではヒトラーが首相に任命されてナチスによる新体制が発足した。ナチズムがドイツの国民各層になぜ浸透していったのか。ここでは、ナチスが政権を掌握するまでの足跡とともにこの問題に触れることはしない。ただし、ナチスの台頭に経済的な問題が関係していたことは留意しておく必要があろう。世界恐慌は、一九二九年のニューヨーク株式市場における株価の暴落を皮切りとするが、ドイツでは、すでに一九二八年後半に景気は下降局面に突入していた。鉄鋼や機械といった主要産業の受注の減少に加えて、賠償金の支払いといった重荷を抱えていたドイツでは、経済政策がうまく機能しなくなり、またもや人々の生活を脅かすまでに経済は混迷の度合いを深めていた（古内博行「ドイツ」）。それゆえ、国民の期待を背に政権を掌握したナチスがまず力を入れたのは、景気の浮揚と失業問題の解消だったのであり、軍事志向が強い政権だけに軍需産業主導のもとで需要が喚起されていくことになった。ただし、景気の浮揚が図られたとはいえ、一九三三年以降賃金は事実上凍結された。軍備のため軍需産業への投資を促す必要があり、そのために消費を制限する必要があったからである（H・モテックほか『ドイツ経済史』）。

ドイツ経済が重工業を中心に復調し、発展していくのと合わせて、キールの経済も軍需に牽引され、好転していった。国民総支出に占める国防軍支出の割合が、一九三三年の四％から一九三六年の三六％、一九三八年の五〇％へと急激に伸びていったからである（成瀬治ほか編『世界歴史大系　ドイツ史3』）。軍港都市キールにとって一九三三年という年は、おそらく他の都市以上に成長に向けた画期としての意味合いを強く持ったと考えられる。

息を吹き返したキール経済

ナチス政権の誕生により、キールは「帝国軍港」として再出発を果たした。これにより同市の将来構想は見直しが進められていく。第一次世界大戦終了後、戦後の混乱に直面したキールが目指したのは、これまでの海軍依存状況からの脱却、すなわち、造船以外の製造業の誘致による産業の多様化とキール港の貿易港としての発展であった。しかし、ナチスの政権掌握後、これらの計画は白紙に戻されてしまう。キールでは再び軍需中心の経済が営まれるようになり、市内の造船会社は再び艦船の建造に力を注いでいった。

艦船受注の増大は、造船ならびにその関連産業の操業規模を拡大し、キール内外から集まってきた多くの労働者に再び就業の機会を与えた。一九三三年末から戦争開始直前の一九三九年八月にかけてキールの人口は五万人増え、二六五、四四三人となった。移住者のなかには若年層が多く含まれ、彼らが市内で伴侶《はんりょ》を見つけて子供をもうけたことにより、出生率の上昇もキールの人口増加に寄与することになった。一九四二年に市の人口は、史上最多の三〇六、〇〇〇人を数えるまでに至った。

港の周辺や市内では、海軍を中心に軍事を目的として多くの土地が接収されていき、それが市内での土地不足を招いた。海軍の規模拡大とそれに伴う軍需とを視野に入れた市制の運営が、再度求められるようになったのである。なお海軍は、一九三五年に「帝国海軍(Reichsmarine)」から「戦闘海軍(Kriegsmarine)」へと名称を変えた。

造船業をはじめとする軍需関連産業のフル稼働は、キール市内の失業問題を順調に解消していった。ナチス政権成立直前の一九三二年十二月末時点でのキール市内の失業者は、三四、五六二人であったのに対して、その五年後の一九三七年九月末には、わずか一、二一八人までに減少したのである(A. Zottmann, Kiel. Die wirtschaftliche Entwicklung)。

産業構造

軍需景気のただ中にあった頃のキールの産業構造を把握するために、第二次世界大戦の開戦を翌年に控えた一九三八年の各産業部門の就業者数に着目してみよう。

最多を占めたのは、やはり造船業を含む工業・手工業部門であり、数にして五九、二二八人、比率にして五〇・一％と全体の半数を占めていた。これは、第一次世界大戦後の再建期（一九二五年）を人数（四二、五六七人）と比率（三九・二％）の双方で上回る。工業・手工業部門は圧倒的に男性の就業者が多く、五九、二二八人のうちの実に八八％（五二、五九〇人）を男性が占めた。女性はわずか六、六三八人でしかなく、この部門はまさしく男性の職場であった。次いで多かったのが、公私合わせた事務部門であり、人数で二一、八四七人、比率にして一八・五％を占め、以下商業・交通の一九、六九四人、一六・六％と続く。再建期の一九二五年と比較した際の大きな違いは、商業・交通部門に代わって事務部門（Dienstleistung 一九二五年の項目では「管理（Verwaltung）」）が二位を占めていることであり、一八・五％という事務部門の比率はドイツの他の大都市と比べても高かった。まさしくこれは、海軍を中心とする軍事・軍政機関における事務職員の多さを反映したものであろう。商業・交通部門は、一九二五年と比べて就業者数を二三、〇七一人から一九、六九四人に、全体に占める比率を二一・二％から一六・六％に低下させていた。再度海軍への依存の度合いを高めたキール市経済の特徴が、ここに現れているといえるだろう（A. Zottmann, Kiel. Die wirtschaftliche Entwicklung）。第三帝国下のキールの経済が、第一次世界大戦前と同様、海軍と造船に依拠した状態にあったことが、こうしたデータからも示されるのである。

主力産業である造船業では、艦船の建造を中心に事業が展開し、とりわけ一九三五年六月に英独海軍協定が締結されると、民間企業から受注した船舶の建造は後回しにされるようになった。造船以外の製造業では、やはり軍需・造船と関連する産業の躍進が目覚しく、信号・通信システムや電気系統の開発・製造に携わる企業は、新工場を建設して生産規模を拡大するほどであった。その他の製造業では、金属、建築業のほか製粉、魚介・食肉加工などといった食品産業が挙げられるくらいであった。

再び軍港へ

国粋主義の高まりを背景とした海軍の発言力の増大は、キール港の性格づけや今後の港湾政策に多大な影響を与えていった。例えば、一九二〇年にキール市が二〇年契約で海軍から借り出すことができたヴィク地区の敷地は、「特別な合意」のもと、港湾施設とともに一九三四年に再び海軍が摂取してしまった。北海・バルト海運河の北のフォスブローク地区に確保されていた工業用地は、空軍に売却されてしまった。

こうしてキール港を貿易港として発展させ、またその周辺の土地を工業用地として利用していこうとした従来の方針は見直しを迫られてしまった。港全体はまたもや軍事色に強く染め上げられていった。その通商面への影響は、キール港を舞台とした貿易の実態からもうかがうことができる。

キール港における貨物取扱量は、ナチス政権が誕生した一九三三年から一九三七年にかけて五〇五、〇〇〇トンから七五七、〇〇〇トンへと大きく伸びた。しかし、この伸びはもっぱら輸入の増加に基づくもので、この時期、輸出は、例えば一九三三年一〇六、〇〇〇トン、一九三七年六三、〇〇〇トンと、むしろ減少傾向を見せたのである。取扱貨物のなかで最大のウェイトを占めたのは燃料で、貨物取扱量の過半数を超えることが多かった。その他の主要貨物としては、木材と穀物・食糧があった（A. Zottmann, Kiel. Die wirtschaftliche Entwicklung）。艦船の動力源である燃料や建築資材、それに糧秣《りょうまつ》と見なしうる貨物が多かったということは、貿易さえもが軍需の影響下にあったことを物語る。

輸出の少なさは、かねてよりキール港が抱えてきた欠点であり、輸入が輸出を大幅に超過している状況は第一次世界大戦以前と変わりない。戦後、輸出を視野に入れた産業の多様化が模索されていたとはいえ、状況が改善される前に、キールは再び軍需主導の経済を築き上げてしまったのである。

（2）ナチス体制下のキール社会

ナチズムの浸透

軍事優先の時代風潮のもと、キールでは軍の意向を強く反映した街づくりが進められていった。中心市街地の北、キール湾西岸寄りの地区には海軍の敷地が広がり、一部空軍の施設もあった。市内の土地・建物、道路の利用に際しては、概して海軍の都合が優先されていった。

集団主義的な行動を好んだナチスは、眼に見えるかたちでの集会や行進を重視した。それゆえ、キール市内でも大規模なパレードと集会が可能な広場が必要とされ、ノルトマルクのスポーツ広場が広大な行進広場へと造りかえられていった。ヒトラーユーゲントの宿舎など、新たに建設される公共建築物は、ナチズムの理念を反映してモニュメンタルな性格を濃厚に盛り込んだものとなり、キールでも、ノイマルクトを中心に記念碑的な大規模な建造物が造られていった。バウハウスの即物的な新様式を生み出したモダニズムの時代は過去のものとなってしまった。

国際的なスポーツ大会は、新しいドイツを内外に宣伝する良い機会であった。一九三六年八月に開催されたベルリン・オリンピックでキールはボート競技の会場となった。施設として新たに港（オリンピア・ハーフェン）や宿舎（オリンピア・ハイム）を建設する必要があったが、世界的にも有名なヨットレース（キーラー・ヴォッヒェ）の開催地として、キールにはすでにマリンスポーツのための設備は整っていた。ベルリンから遠く離れたこの地も、「民族の祭典」の成功に一役買ったのである。後年、キールは、一九七二年のミュンヘン・オリンピックにおいてもセーリング競技の会場となった。

統制の強化

しかし、新時代の到来は、新たな都市景観の出現よりも人々の日常生活の諸領域における統制の強化、そして何よりも恐怖を通じて改めて実感されたことと思われる。全体主義の時代、ドイツ各地で繰り広げられた光景が、ここキールでも見られたのである。以下、それらを簡単にスケッチしておこう。

キールでは、一九三三年にナチスが政権を掌握すると、直ちにナチスの地元指導者（Kreisleiter）であるヴァルター・ベーレンス（Walter Behrens）が上級市長に任命され、市政の運営は党中央部の指示に従うことになった。同年キール市は、ヒトラーとヒンデンブルク大統領、それに海軍司令長官（Chef der Marineleitung）のエーリヒ・レーダー（Erich Raeder）に名誉市民の称号を与えた。帝国海軍都市としての再度の繁栄を期待しての授与だったのであろう。キールの労働組合会館は新体制発足後直ちにナチス党が占拠し、突撃隊（ＳＡ）の監視下に置かれた。同年五月十日にはキールでもドイツ労働戦線（Deutsche Arbeitsfront）が結成され、労使双方が強制的に加入させられた。新教・旧教の双方の教会に向けた統制もあった。

　青少年の統制も進められた。一九三六年から三七年にかけて、キールのすべての青少年団はヒトラー・ユーゲントに組み込まれ、未加盟の組織は認められなかった。キール大学では、学生が国家社会主義ドイツ学生同盟（Nationalsozialistische Deutsche Studentenbund）へと統合された。学生主導の焚書《ふんしょ》も実行され、アインシュタインやフロイト、ローザ・ルクセンブルクらのユダヤ人や好ましくない教員の著書が火にくべられた。大学には総統原則（Führerprinzip）が適用された。大学はもはや独立した研究・教育機関ではなく、国家に服属する下部組織と見なされ、民族的、政治的そして職務的観点からふさわしくない教員は追放の対象となった。

恐怖政治

　統制は暴力と流血の惨事を伴いつつ推し進められた。新政権発足後の一九三三年三月十二日、ナチズムに批判的なキールの弁護士でＳＰＤ（ドイツ社会民主党）の政治家ヴィルヘルム・シュピーゲル（Wilhelm Spiegel）が射殺され、同年五月七日には、ナチスの敵対者として知られた元国会議員エルンスト・オーバーフォーレン（Ernst Oberfohren）が自殺。翌三四年二月には、すでに逮捕されていたドイツ共産党キール地区書記長クリスティアン・ヘンク（Christian Henk）がノイミュンスターの監獄で処刑された。

ユダヤ人も犠牲となった。キールでは、早くも一九三二年夏、ゲーテ・シュトラーセのシナゴークが攻撃された。翌三三年には党が機関紙で反ユダヤ主義を煽《あお》り、ユダヤ人が経営する店舗での不買運動を推し進めていった。国家による保護の対象外とされ追い詰められたユダヤ人の多くは、キール市外へと逃れていった。それでも一九三八年十月の時点で市内には三〇〇名ほどのユダヤ教の信者がいたという。同年十一月九日から十日未明にかけてのドイツ国内のユダヤ人への一斉攻撃では、多くの店舗が破壊され、シナゴークが攻撃・放火された。「水晶の夜」はキールをも舞台としたのである（P. Wurf, Die Stadt in der nationalsozialistischen Zeit）。

なお、同年の八月二十二日には、ヒトラーがゲルマニア造船所で建造された重巡洋艦「プリンツ・オイゲン」の進水式に出席するためキールを訪れている。当日は雲ひとつない快晴で、キールに集結した満艦飾の艦船がヒトラーのキール訪問を祝ったという（C. Geckeler, Erinnerungen der Kieler Kriegsgeneration）。

（3）第二次世界大戦下のキール——度重なる空襲

空襲の経験

　前回の世界大戦とは異なり、二度目の大戦ではドイツ自体が戦場となった。キールもイギリス空軍による空爆の対象となり、一般の市民がなすすべもなく戦渦に巻き込まれていくことになった。

　ドイツの主要都市のなかでもキールはバルト海側の最重要軍港であり、海軍関連施設が集中していた。主な戦艦や巡洋艦、それにいくたものSボート（高速魚雷艇）やUボート（潜水艦）の母港でもあり、敵側の攻撃の対象となることが早くから予想されていた。それゆえ市内では、一九三九年九月の開戦に先立ち学校や企業を単位として防空演習が実施されていた。また、夜間の空襲を想定して消灯訓練を実施し、敵機の襲来をいち早く市民に知らせるための警報システムを完備するなど、市当局は消防との連携のもと、早くから防空体制を強化していた。市周辺部には、敵機を迎え撃つべく約一五〇門の高射砲が配備された。

　開戦後は、キールでも他のドイツ都市と同様、食糧や原材料の販売が統制の対象となった。体力のある若年男性が戦場へと招集されたので、工場やオフィス、役所など、銃後の仕事場での労働は女性に任されていった。これに空襲の恐怖が加わった。

キールが最初の空襲を経験したのは開戦後一年に満たない一九四〇年七月二日のことである。死者一〇名を伴う空襲であった。この後、敵機は頻繁にキール上空に襲来するようになり、夜間の波状攻撃が市民の生命を脅かすようになる。コンクリート製の防空トーチカ（ブンカー）が、市内の各所に設けられていき（I-13）、Uボートのための巨大なブンカー「キリアン（Kilian）」も建造された。翌四一年に最も大きな被害をもたらした空襲は、四月七日から九日にかけての夜間二回に及んだもので、死者は合計二三八名に達した。この年、生徒を中心に農村部への疎開が始まった。翌四二年には攻撃は減ったものの、四三年になると再び激化していき、同年五月十四日と十二月十三日の大規模な空襲により、空爆箇所は市内のほぼ全域に及ぶことになった。四四年は一月と七月、八月に激しい攻撃を被り、市中心部（Innenstadt）と海軍施設が多いブルンス

I-13　ヴィク地区に今も残るブンカー

ヴィク地区、それに造船所が集中する湾東岸地区といったキールの中枢部分に被害が集中した。これら一連の空襲による死者は八〇〇名以上と見積もられている。最後の空襲は一九四五年五月二日から三日にかけてのものであり、また最後の空襲警報は、五月四日に発令されたものであった。

被害状況

結局、第二次世界大戦を通じてキールは、一九四〇年七月二日から四五年五月三日まで、合わせて九〇回の空襲を被り、空襲警報の発令は六三三回に達した。大戦を通じた空襲によるおもな被害状況を以下にまとめておこう。まず、死者は合計二、五一五人、負傷者は合計五、一八一人であった（軍・警察関係者を除く）。損傷を受けた建物の数は一八、五六〇棟、そのうち全壊は六、一三一棟、被害額は、一九四五年九月一日の時点までに確認された金額を挙げれば、キール市全体で約一四億八、四〇〇万マルクに達していた。民営の三大造船所の被害額を見ると、ＤＷＫが約六、三〇〇万マルク（フリードリヒスオルトにおける被害額は除く）、ゲルマニア造船所が約三、九〇〇万マルク、ホヴァルト造船所が約二、八〇〇万マルクであった（Kiel im Luftkrieg）。

損傷を受けた建物は、キール市全体の建物の七五％に達していた（I-14）。被害は海軍関連施設や造船所のみならず、むろん一般のオフィスビルや市民の住宅、さらには教会、大学、各種学校や役所、劇場を含めた公共施設にまで及んだ。とりわけニコライ教会をはじめとする教会やかつての宮殿、市役所などといった歴史的にも由緒あるランドマークともいえる建築物への被害は、市民に精神的な打撃をも与えたと推察される。

Ⅰ-14　空襲で破壊されたキール市街（1945年）

かくして瓦礫《がれき》の山が連なるようになったキールへ、対戦末期になると、今度はバルト海沿の旧ドイツ領から追われた同胞難民が続々と引き揚げてくることになった。これも戦後キール社会が混迷の度合いを深める要因の一つとなる。

イギリス軍のキール進駐は、一九四五年五月四日のことである。ナチス政権発足以来、キールで上級市長として君臨してきたベーレンスは逮捕され、代わって地元で著名な弁護士マックス・エムケ（Max Emcke）がイギリス側により上級市長に任命された。五月八日、ドイツは無条件降伏を受け入れた（P. Wurf, Die Stadt in der nationalsozialistischen Zeit）。

第5章　再度の敗戦と復興

（1）戦後の混乱

引揚の拠点

一九四二年、キールの人口は三〇六、五〇〇人を記録し、初めて三〇万人の大台を超えた。しかし、大戦中の空襲の激化は、多くの市民を疎開や移住へと促し、その後人口は急減、終戦時の人口は一五七、五〇〇人と半分近くにまで減った。これは第一次大戦後の減少と比べてもはるかに極端であった。とはいえ回復も急で、一九四六年には二〇万人を取り戻す（二一三、九一六人）。

終戦直後のキールの人口回復が早かった理由として、キール港が東西のプロイセンやポメルンなど、バルト海沿岸各地の旧ドイツ領から逃れてきた故郷喪失同胞難民の窓口の一つとなったことが挙げられる。一九四八年六月三十日の時点でキールに滞在していたドイツ人難民は三四、六三一人であったが、その数はこの後も増え、一九五〇年から五六年にかけてさらに約四七、〇〇〇人から五三、〇〇〇人に増加した。キールは、日本でいう、いわゆる「引揚」の拠点だったのである。しかも、行く当てのない人々の多くはキールに留まった。こうした人々の生活も、市側は保障する必要があったのである。

ドイツ経済の奇跡が始まるとともに、東方からの難民は各都市に進出し、経済発展を支える人材となった。引揚難民の経済に対する貢献がもっと早くから見られたとする見解もある。すなわち、ドイツではマーシャル・プランの導入やエアハルトの経済政策の始動以前に、すでに彼らの労働力をもとに経済的「再建過程」が始まっていたのだという見方である。

しかし、同胞難民を受け入れた都市は、これにより新たな問題を抱え込むことになった。キールにおいてこれら難民・引揚者が増えるにつれ懸念されたのは、彼らの生活をどの水準でどのように保障し、また地元市民との軋轢《あつれき》をいかに回避するかという問題であった。失業率の上昇も懸念された。早くも一九四六年の時点で当時の市の民生局長（Dezernent des Sozialamtes）は、難民の適切な救護を重要案件とし、難民問題の解決がキールの将来の経済的・社会的安寧につながるとの見解を示している。キールには二〇を超える故郷喪失難民のための収容施設があったが、居住環境は極めて劣悪であった。

一九四六年十二月に、上級市長ガイクはその施設の一つを視察した。その二か月前に上級市長に就任したばかりのガイクは、現地でバラック同然の建物と人々の生活の現状を目の当たりにして衝撃を受ける。たいていの住居には机と椅子、ベッドのほかに家具はほとんどなく、屋根や床は穴だらけ、採光も不十分という有様であった。わずか一三平方メートルの空間に二二人が暮らしている住居もあり、肺病の子供が同居している大部屋もあった。大部屋での生活者は数を減らしていたとはいうものの、一九五一年初頭の段階で、なおも四七〇家族の約一、七〇〇名が大部屋での生活を余儀なくされていた。

その一方で、ガイク上級市長は、難民の側にも問題があることを担当の職員から聞かされる。すなわち、居住者のなかには、施設の手入れを怠る者や勝手に作り変えてしまう者、備品を盗む者がいる、机や椅子、ベンチが燃料として燃やされてしまう、働く気概のあるものはすぐ施設を出て行き、結局無気力で衛生観念さえ欠ける者が残されてしまう、といった不満が出されたのである（H. Grieser, Wiederaufstieg aus Trümmern）。一九四九年成立の緊急援助法や、富裕層から貧困層への資産の移転を含む一九五二年成立の負担均衡法といった戦後処理のための法案には、旧ドイツ領からの難民・被追放者の生活支援という趣旨も込められていた（成瀬治ほか編『世界歴史大系　ドイツ史3』）。

解決すべき問題

食料不足にもキールは悩まされた。ドイツ各地で食料が不足し、栄養不足が懸念されるなか、一九四六年三月二日付の地元紙の報道は、市民に衝撃を与えた。それによれば、イギリス占領下のドイツの一日一人当たり摂取カロリーは平均一、一〇三カロリーであるが、キールの平均はそれより低い一、〇一四カロリーでしかないというのである。おそらくキールに逃れてきた大量の難民の存在が、食料事情を悪化させてしまったのであろう。同年三月十一日にキール市は、子供たちの救済を含めた支援を訴える緊急アピールを採択・表明する。「大都市に支援の手を！　子供たちを救え！」とのスローガンが掲げられた。翌四七年四月十四日には、食料不足を訴えるデモが組織され、参加者は五万人から七万人に及んだという（G. Stüber, Kieler Hungerjahre）。

瓦礫の撤去も戦後キールに突きつけられた課題であった。空襲の被害はキールの建物全体の七五％に及んでいたので、その処理と廃棄、建物の再建には多くの労働力と費用が必要だったと推測される。膨大な量の瓦礫は、その多くが海に捨てられたが、一部（全体の十分の一）は石材として再利用され、その量は住宅二、〇〇〇世帯分に及んだという。瓦礫の撤去に要した費用は、当時の貨幣価値で七、五〇〇万マルクに及んだとの試算値がある（J. Jensen, Kieler Zeitgeschichte im Pressefoto）。

さらに現在にまで尾を引く問題がある。ナチス加担者に対する処分である。第二次世界大戦後のドイツは、占領軍の指揮のもと、急速に脱ナチ化を進めていく。イギリスの占領地区に属することとなったキールでは、同国軍が党をはじめゲシュタポや親衛隊（SS）、突撃隊（SA）などナチス関係組織の要職にあった者を逮捕し、関係者を公職から追放していった。キール市役所では、一九四五年七月までに約五〇〇名が解職されたほか、市全体でナチス加担者として嫌疑を受けた人物がリストアップされ、市全体でおよそ四一、〇〇〇人が審査の対象に挙がった。このうちナチスへの同調者と見なされた者は約八、〇〇〇人、有罪の判定が下されたのは二五〇人であった（H. Grieser, Wiederaufstieg aus Trümmern）。

ガイク上級市長のもとでの復興

空襲は、一方でまた、市街地の再開発に着手する機会を与えた。ガイク上級市長の指示のもと、キールでは瓦礫のない「申し分なくさっぱりとした（bestaufgeräumte）」都市の建設を目指して急速な市街地の整備が進められた。一九四六年十月の地方選挙で第一党となったSPDから上級市長に選出されたアンドレアス・ガイク（Andreas Gayk）は、戦後のシュレスヴィヒ・ホルシュタイン州で、おそらくは最も影響力のある政治家であった（I－15）。市長在任中（一九四六－一九五四年・在任中に死去）、彼は強力な指導力を発揮してキールの復興に取り組んだ。軍港都市として海軍とともに歩み続けてきたキールは繰り返し空襲の標的とされ、結局、市民は物質的のみならず精神的にさえ再起不能と思われるまでに大きな痛手を負って

I-15　アンドレアス・ガイク（中央）

しまった。しかし、ガイクはキールの復興がドイツの他の都市復興の手本となることを考え、カリスマ的ともいえるリーダーシップを発揮した。市民に復興が可能であることを確信させ、瓦礫の山に果敢に立ち向かわせることができた政治家であった。困難な時代にガイクのような将来への確固たる展望と指導力とを併せ持った首長を得たことは、キールにとって幸いであり、またガイクにとっても、彼の意を汲《く》んで戦後の再建に果敢に乗り出そうとする多くの部下をキールで得られたことは、幸いであったと言ってよい（Andreas Gayk und seine Zeit）。

ガイクのもとで、実際に新たな街づくりのプランを策定し方向を示したのは、市建設局のヘルベルト・イェンゼン（Herbert Jensen）である。イェンゼンも、新キール建設の方針を提示することにより、復興に向けた貢献者の一人として後に高く評価されるが、彼自身は、ガイクなくして自らの成功はありえなかったことを自覚していたという。彼は瓦礫を撤去した後の市街地の再開発について、道路建設を含めて青写真を提示するとともに、建物の連なりが人々の視覚にどう訴えるかを考慮した街づくりを行なった。戦前のハーンによるガーデン・シティ構想を受け継いでいたイェンゼンは、中心市街地と郊外の役割分担を考慮しながら道路の整備を進めた。

戦後しばらくの間は、路面電車もまだ重要な都市交通手段であった。経済の復興とともに郊外での住宅建設が再び盛んになるにつれ、中心市街地と郊外とを行き交う人々の輸送に路面電車は大きな働きを見せた。しかし自動車交通の急速な拡大は、改めて説明するまでもなく、路面電車から乗客を奪うとともに、電車自体が自動車の通行を妨げる邪魔な存在と見なされるようになってしまった。キールでは、一九八五年に路面電車は全廃されてしまう。現在、世界各地でトラム（路面電車）の見直しが進んでいるが、キールでは、再評価の機運が高まる前にトラムは廃止されてしまった。

一方でイェンゼンは、人通りが多い旧市街から自動車を可能な限り排除しようとした。目抜き通りのホルステン通りは現在に至るまで歩行者専用道である。その代わりイェンゼンは、ホルステン通りに平行してそのわずか東、シュトレーゼマン・プラッツとベルリナー・プラッツの間にまったく新しい道を建設した。「アンドレアス・ガイク」通りである。この命名こそは、キールの復興に邁進するとともに、イェンゼンが持つ能力を十分発揮できる場を与えてくれた名市長に対する彼のオマージュと見なしてよいであろう（H. Grieser, Wiederaufstieg aus Trümmern)。

デモンタージュ（解体）

脱ナチ化とともにキールに突きつけられた大きな課題は、脱軍事化、とりわけ造船業を中心とする軍需産業の平和産業への転換であった。終戦とともに、軍は占領軍の管轄下に置かれ、ドイツは非武装化された。まずはイギリス占領軍の、そして西ドイツ成立後は連邦共和国政府の主導のもとでキールは脱軍事化を進めていく。もとより軍需産業の平和産業への転換自体は、多くのキール市民の願いであったはずである。最初の世界大戦で得た教訓を十分活かすことなく、キールは、二度目の世界大戦に向けてまたもや軍需・造船中心の都市経済を構築してきたのであった。それゆえ、艦船の建造を中心としたキールの産業構造を指す言葉として「単一構造（Monostruktur）」という言葉がしばしば用いられてきた（N. Gansel, Stadt im Wandel）。この点が、ゾトマンをはじめとする学者、ジャーナリストによりキール経済が抱える問題として、戦後改めて指摘され、批判の対象となった。

戦後、造船所や軍港施設が集まっていたキール湾東岸地区はイギリス軍により封鎖され、軍事的利用を不可能とするために解体（Demontage デモンタージュ）の対象となった。「ポツダム協定」により、ナチス党とともに軍需産業の解体が原則とされていたからである。東岸地区には、ゲルマニア、DWK、ホヴァルトなどの造船所のほか、海軍の工廠をはじめとする製造・補給施設、係船所が集積していた。一九四八年十一月十五日、イギリス軍により軍事・造船施設の処理計画が公表された。それによれば、東岸地区に残された二六四棟の建物のうち一五二棟を破壊の対象とし、残り一一二棟を平和産業へと転用する予定であった。市当局は粘り強い交渉の末、さらに一八棟を残すということを、なんとか認めてもらうことができた。とはいえ、イギリス側の一方的な解体方針の提示とその推進は、ドイツ側の反感を呼び起こしてしまう。デモンタージュは、経済的な損失以上に大きな心理的影響を市民にもたらした（成瀬治ほか編『世界歴史大系　ドイツ史3』）。

キール湾東岸の造船所集積地区は、かつて三万人の労働者が働き、それによりおよそ一〇万人の市民が養われていた地区である。一九四四年のおもな造船所における従業員数を挙げれば、例えば、DWKが一二、九〇〇人（フリードリヒスオルト（湾西岸北部）地区を除く）、ゲルマニア造船所は一〇、三〇〇人に達していた。このようなキールにとって生存基盤ともいえる地区が、跡地の平和利用に関する具体的な見通しもないまま、再度軍事を目的として利用することを阻止するために破壊・解体されていった。キール市側は、この地区の土地利用計画を数度にわたり策定した。しかし、初期の製造業を重視した計画が後に物流重視の計画（第四次計画）に変化していくなど、内容は必ずしも一貫したものではなかった。

ガイクは、戦後キールは平和港（Friedenhafen）となるべきだと考えていた。彼はまた、イギリスの労働党政権がドイツの労働者が直面する苦労をおもんぱかって、キールにおけるデモンタージュに手心を加えてくれるのではないかとの、ほのかな期待も抱いていた。しかし、その期待が満たされることはなかった。総延長五、〇〇〇メートルの岸壁のうち、破壊されたのは四、二〇〇メートルに及んだ。平和利用が可能な施設をも含めた行きすぎた破壊行為に対しては、被占領国の立場にあったとはいえ、ガイクも批判的であった。キールの港や産業用地の破壊者は、健全なる民主主義の根絶者にほかならないと、強い口調で述べたこともあった（Die Geschichte des Kieler Handelshafens）。

東岸地区のデモンタージュは一九五〇年九月十一日に終了し、二十日にイギリスから返還された（H. Grieser, Wiederaufstieg aus Trümmern）。

失業者の増加

造船をはじめとするキールの製造所は、空襲による被害に加えて敗戦後は軍部からの受注停止が追い討ちとなり、大幅な操業規模の縮小を迫られることになった。事業の存続を断念した会社もあった。例えば、キールの造船業界の一角を支えてきたゲルマニア造船所は、空襲による被害が特に大きかったこともあり、デモンタージュとともに結局は廃業に追い込まれてしまう。一九四五年以降、雇用の場を激減させたキールは、最初の世界大戦終了後と同様、再び大量の失業者を抱え込むことになった。

上述のように、終戦とともにキールの人口は、ピーク時の一九四二年と比べて半減し、失職した人々は、帰郷するなど市街へと逃れた。一方、終戦とともにキールに戻ってきた疎開者がいた。さらにここに、戦地から復員してきた元軍人や旧ドイツ領から引揚げてきた行き場のない人々が加わった。雇用の場が確保できていない段階では、彼らはまだ産業にとっての「戦力」ではなかった。

またもやキールの人口は急増し、加えて市内の失業率は年を追うごとに上昇していった。具体的な数値を挙げれば、一九四八年初頭の失業者数は二、四九六人で、市内の失業率はまだ二・五％でしかなかった。しかし、同年末には失業者数は一〇、〇〇〇人に達し、失業率も一〇％を超えてしまう（一〇・一％）。翌年、状況はさらに悪化し、一九四九年を通じて人数、比率ともに倍増し（二三、〇〇〇人、二一・六％）、一九五一年末には失業者数が約二五、〇〇〇人、失業率が二二・九％に達した。ようやくその翌年の一九五二年に、一九・九％と改善する兆しが見え始めた（H. Grieser, Wiederaufstieg aus Trümmern）。

失業問題の解消という観点からも、産業の建て直しは早急に解決されるべき課題であった。既存の産業の復興に加えて新たな産業の創出も求められた。むろん、それらは軍需に左右されない平和産業でなければならなかった。

（2）復興から高度成長へ

経済成長に向けて

アデナウアーの首相就任（一九四九年九月）の後、西ドイツは一九五一年春季の輸出増大を皮切りとして経済の成長過程に突入していく（成瀬治ほか編『世界歴史大系　ドイツ史3』）。その開始には、冷戦体制の成立という世界情勢の変化も強く影響していた。社会主義陣営との関係が後戻りできないまでに悪化したことにより、アメリカやイギリスは、ドイツの無力化を目的とする初期の占領政策を見直さざるをえなくなっていた。それゆえ、ドイツを西側の自由主義陣営につなぎとめ、さらに陣営内の強化を図るためにも、まずはドイツ経済の再建を優先課題としたのである。かくして、マーシャル・プランの受け入れ決定（一九四七年）とともに、西側占領地区での通貨改革（一九四八年）、東西ドイツの分裂（一九四九年）を経た後の一九五〇年代、西ドイツは、周知のように、「奇跡の経済成長」と呼ばれる急速な経済成長を実現することができた。やがて同国は、ヨーロッパの自由主義陣営諸国のなかで経済の牽引国としての役割を担うことになる。

このような世界情勢の変化に伴うドイツ経済の躍進は、キールの都市経済からも少なからず看取することができる。キール市産業統計によれば、一九五一年から五四年にかけて市内の製造業の総生産は、以下に見るような急速な伸びを見せた。

一九五一年	約二二五・八（一〇〇万マルク）	五五・八（一九五四年を一〇〇とする）
一九五二年	三〇四・五	七五・二
一九五三年	三五二・四	八七・〇
一九五四年	四〇五・〇	一〇〇・〇

（一九五四年のみ一月一日〜十一月三十日の値）

一九五一年から一九五四年までの三年間で、生産額は二倍近い伸びを見せたのである。この時期のキール市経済の躍進は、製品の販売額や総労働時間、就業者数の推移からも確認される。例えば、製造業界の就業者数は次のような増加を見せた。

一九五一年	約二三、九〇〇人	八三・〇（一九五四年を一〇〇とする）
一九五二年	二五、一〇〇人	八七・二
一九五三年	二七、二〇〇人	九四・四
一九五四年	二八、八〇〇人	一〇〇・〇

（一九五四年のみ一月一日〜十一月三十日の値）

ここから就業者数の増加が見て取れるが、生産額の伸びはそれ以上に著しいものであった。すなわち、一人当たりの生産額が増加し、この間に技術の進歩などにより合理化が進んでいたことが推測されるのである。ただし、ここでは物価の上昇分は考慮に入れていない。

産業構造の継承と変化

戦後、キールでは商業・サービス業が経済全体のなかで比重を高めることになるが、ここでは製造業を取り上げ、軍港都市キールを特徴づけてきた造船業が、製造業のなかで占める位置を見ておくことにしたい。一九五四年を事例として、まず生産額の面から見た製造業の上位三部門は以下の通りとなる。

1、造船　一六〇・六（一〇〇万マルク）　三九・六％（製造業全体に占める割合）
2、食品　七〇・三　一七・四
3、機械　六七・一　一六・六

首位はやはり造船であった。しかも、第二位の食品部門を二倍以上も上回る生産額を記録しており、当時なおも造船業がいかにキールにとって重要な製造業部門であったかが理解される。次に就業者数から見た上位三部門を見てみよう。

1、造船　約一〇、〇〇〇人　三四・七％（製造業全体に占める割合）

2、機械　六、一〇〇人　二一・二％
3、電機　四、〇〇〇人　一三・九％

第二位以下は生産額から見た場合と入れ替わっているが、首位はやはり造船であった。業界全体で約一〇、〇〇〇人という数は、第二次世界大戦前の時期と比べれば少ないとはいえ、製造業界では最多である。戦後、食品や機械、電機といった分野が重要性を帯びるようになっていたとはいえ、造船を製造業における最重要部門とするキールの産業構造は、二度の世界大戦での敗北を経て、なおも受け継がれていたのである（以上一九五四年の統計は、Statistische Monatsberichten der Stadt Kiel vom Dezember 1954. Andreas Gayk und seine Zeit より引用）。

とはいえ、都市経済全体で見れば、戦後比重を増した部門は製造業ではなく商業・サービス部門である。比較的最近の統計として、一九九〇年代のキールの就業者数に関するデータは上の表の通りである（いずれも六月三十日の時点での値。Kieler Zahlen 2001）。

	就業者総数	製造業	商業	交通・通信	信用・保険	その他サービス業
1991年	110,252人	25,210人	16,342人	5,501人	6,571人	31,087人
1997年	102,161	18,831	15,120	4,897	6,261	33,406

現在では、「その他サービス業」の就業者だけで、造船業を含む「製造業」（原表ではVerarbeitende Industrie：加工業）の就業者をはるかに上回って

いる。しかし、その製造業部門内部で造船業が占める位置や歴史的系譜、さらにはキール湾の景観を形づくる装置産業としての造船所の威容などの諸点にかんがみれば、戦後の復興期を通じて現在に至るまでも、造船業がキールを代表する産業であることには変わりはない。

造船業界の再編

では、その造船業界を支えてきたキールの主要な造船所は、第二次世界大戦後、どのような足跡をたどったのであろうか。

すでに述べたように、三大造船所の一つであったゲルマニア造船所は戦後解体された。戦争末期（一九四四年）に同造船所の従業員数は一〇、三〇〇人にまで達しており、戦後ここがデモンタージュの対象となったことに対して、キールでは激しい抵抗があったという。しかし、ゲルマニア造船所は再建されることはなかった。一九六〇年代になると、ここの敷地の大部分はホヴァルト造船所（現ＨＤＷ）が獲得し、資材ないしスクラップの置き場として、また一時Ｕボートの建造施設としても利用された。

ＤＷＫ（ドイチェヴェルケ・キール）は、キール湾東岸（ガールデン）地区と湾西岸（フリードリヒスオルト）に工場を持ち、一九四四年の従業員数は、前者が一二、九〇〇人、後者が四、三〇〇人であった。このうちフリードリヒスオルトにあった機械・機関車製造工場は、戦後一九四八年に設立されたMak（Maschinenbau Kiel）社に継承され、ガールデンの造船所がデモンタージュの対象となった。とはいえ、DWK社は存続が認められ、キール湾東岸地区がイギリスから返還されると、一時ここの開発の主導権を握った。一方キール市側も、連邦や州からの参加を仰いで会社を設立し、東岸地区の開発と管理に着手したが、この会社はすぐに解散してしまった。この地区への企業の誘致はなかなか進まず、誘致に成功したとしても定着する企業は少なかった。やがてこの地区ではホヴァルト造船所が規模を拡大していき、結局は、以前と同様造船を主体とした再開発が進められていったのである。

ホヴァルト造船所は、キールのほかにハンブルクでも造船所を操業していた。このうちキール造船所は、戦時中一時海軍に摂取され、海軍の兵器廠（Marinearsenal）とともに一大造船工廠（Marinewerft）を形づくった。一九四一年の時点での工廠全体の従業員は一七、七三〇人であった。キール造船所では、第二次世界大戦を通じて計三一隻のUボートが建造された（ホヴァルト社全体では六四隻）が、戦後同造船所は、キールの大規模造船所としては唯一デモンタージュの対象とはならなかった。

戦後ホヴァルト社は経営規模を拡大する。一九五三年にはDWK社の第五、第六ドックがホヴァルト造船所に買収された。一九五五年にはDWK社自体がホヴァルト社に合併・吸収され、翌一九五六年には従業員数が一三、〇〇〇人を超えるまでになった。六〇年代に旧ゲルマニア造船所の土地を購入したのも、上述のようにホヴァルト社であった。一九六七年に、同社はハンブルク・ドイツ造船所（Hamburger Deutsche Werft）と合併してホヴァルツヴェルケ・ドイツ造船所（Howartswerke-Deutsche Werft：HDW）と名称を改め現在に至っている（Ⅰ-16参照）。二〇〇五年以降、HDW社はティッセン・クルップ（Thyssen Krupp）造船所の傘下に属している。

Ⅰ-16　HDW社の造船所。キール湾西岸から

なお、上記主要造船所以外に戦後キールで操業するようになった造船所として、リンデナウ造船所を挙げておこう。同造船所は、最初メーメル（現クライペダ）に設立されたが、ソ連のリトアニア侵攻直前に浮きドックとともに同地を逃れ、一九四七年にキールのフリードリヒスオルトに用地を確保し、やがて浮きドックをここに移設した。一九五二年には、従業員を九〇人から二二〇名に増やし、中規模の造船所となった。一九六〇年に戦後キールで初めて軍船（補給艦）が進水したのは、ここリンデナウ造船所においてであった（H. Grieser, Wiederaufstieg aus Trümmern）。

造船以外の製造業で戦後キールの経済を支えた企業としては、鉄道車両の修理・製造で発展したMak（Maschinenbau Kiel）社をはじめ、音響探査機やオーディオ機器で有名なElac（Electroacustic）社、また、「グラフィック業界のエジソン」（H. Grieser, Wiederaufstieg aus Trümmern）と呼ばれ、キールの名誉市民にもなった発明家ルドルフ・ヘル（Rudolf Hell）を擁したカメラのZeiss-Ikonを挙げるにとどめておく。

商港としての発展

キール港を舞台とした貿易についても簡単に触れておきたい。かつてキール港の商港としての利用は、海軍の存在により大きく制約されていた。しかし戦後、経済成長期を迎えてからは、キール港における貿易規模も増加を示し、一九五〇年代を通じて、貨物の取扱量は戦前の規模を上回るまでに増えていった。すなわち、輸出入を合わせた貨物の取扱量は、一九五〇年の五六九、〇〇〇トンから一九五九年の一、一〇九、〇〇〇トンへと二倍ちかい増加を見せ、一〇〇万トン台の大台にのった。さらには、一九六〇年代の後半には二〇〇万トンを超えるまでになり、オイルショックの影響が及ぶ直前の一九七三年には三、〇七五、〇一〇トンを記録するまでに至った（Die Geschichte des Kieler Handelshafens）。

しかし、キール港の貿易は、かねてより指摘されてきたにもかかわらず、なおも払拭することのできない構造的な弱点を、高度経済成長期にも抱えていた。すなわち、輸出入のアンバランス、輸出(帰り荷)の極端な少なさである。年度によっては輸出が輸入の十分の一以下を記録したこともあり、例えば一九五五年は、輸入が八七五、〇〇〇トンであったのに対して輸出は八三、〇〇〇トン、一九五七年は、輸入が八六九、〇〇〇トンに対して輸出は八四、〇〇〇トンでしかなかった。おもな取扱貨物は、石炭・コークス、穀物、ひき割り穀物、魚介類などであった。こうした不均衡は一九七〇年代後半までにある程度解消されていく(一九七〇年代末の輸出と輸入の比率は約一:二・二)。とはいえ、港の周辺に産業を誘致する土地が少なく、ヒンターラント(後背地)からの輸出向け商品の集荷も不十分であるというキール港の立地面での欠点は、高度経済成長期以降のキール港にとっても、残された課題であり続けている。

(3)軍港都市の伏流水

ドイツ再軍備

戦後、ドイツは非武装化され、軍は占領軍の管理するところとなった。しかし、冷戦時代の到来によりドイツが東西に分離すると、ドイツは自由主義陣営と社会主義陣営が相接するまさにフロンティアに位置づけられることになり、双方のドイツともに再軍備を視野に入れた安全保障体制の整備が求められることとなった。ここでは、キールが属する旧西ドイツに限定して論を進めたい。

朝鮮戦争勃発後の一九五〇年九月、ニューヨークで開催された米英仏三国外相会議で、世界情勢の現状にかんがみ、西ドイツに軍事力を持たせてはどうかということが提案された。それを受けて、西ドイツの再軍備は、ヨーロッパの安全保障体制を考慮しながら西側諸国の間で議論されていくことになった。当初西ドイツの再軍備は、ドイツ自体が軍事力を持つことと合わせて、それがソ連に対する挑発となりはしないかということが懸念された。特にフランスのドイツに対する不信は大きかった。しかし結局は、「ドイツの再軍備をヨーロッパ統合のなかで実現する方針」を西欧側は選択した。ヨーロッパ防衛共同体（ＥＤＣ）構想を経て、西欧同盟（ＷＥＵ）を結成し、それに西ドイツを加盟させることで同国のＮＡＴＯへの受け入れが整えられていった。かくして、一九五四年十月二十三日、西ドイツの再軍備とＮＡＴＯ加盟を認める諸条約がパリで調印された（成瀬治ほか編『世界歴史大系　ドイツ史3』）。

再軍備をめぐるドイツ国内の状況はどうであっただろうか。この問題が具体化しつつあった頃のドイツは、アデナウアー政権のもと、経済を中心とする本格的な復興が推し進められていたさなかにあった。経済の繁栄と西側諸国との連携強化を掲げるアデナウアーの政策は、国民に受け入れられていた。しかし、再軍備に関しては、そうとも言い切れなかったようである。一九五〇年代前半を通じてなされた世論調査の結果を見ると、ドイツが独立した軍隊を持つことに賛成、反対の割合は、ともに三〇％台と四〇％台を推移するのみで、軍隊の創設に賛成の割合が過半数を超えることはなかったのである。また、一九五一年末の意識調査によれば、政治的優先課題の一位に位置したのは経済情勢の改善（二〇％）であり、再軍備はようやく五位（九％）に位置したにすぎなかった。これらのデータを信頼してよいのであれば、悲惨な戦争を体験した後のドイツの人々からは、周辺諸国が憂慮するような好戦的な気質は、かなりの程度失われていたということがいえそうである。ところが、再軍備に消極的な人々の声は、大きくなることがなく、結局は政治的な勢力となることなしに再軍備は進められたのである（岩間陽子『ドイツ再軍備』）。

海軍との関わり

キールと海軍との関係はどうなったであろうか。一九五五年五月五日、前年に調印されたパリ諸条約が発効した。占領状態の終了を告げるこの条約の発効により、西ドイツは事実上の主権回復を遂げるとともに、西側自由主義陣営の一員として再軍備に取り組むことが可能となった。戦後、西ドイツでは、旧海軍の兵士や掃海艇が、アメリカ軍やイギリス軍の指揮のもとで掃海業務に従事していた。やがて東西間の対立が激化するなかで国境警備隊が海上でも設置され、その海上警備隊を経て連邦海軍が形成されることになった。一九五五年六月に公表された再軍備構想では、海軍は艦船一八〇隻（一、五〇〇トン以下）と二万人の兵力を擁すとされ、同年十一月に陸海空の三軍からなる国防軍（Bundeswehr）が発足した（青木栄一「戦後ドイツ海軍の歩み」）。翌一九五六年四月には、キールに連邦海軍の司令部が設置されることが決まり、またもや軍港都市の馴染みの光景が見られるようになった。キールは再びバルト海における重要な軍事拠点となったのである。

基地が置かれたのは市中心部の北のキール湾西岸域、すなわち、かつて海軍施設が集中していたティルピッツ港一帯である。ここにあった兵舎や施設は、大戦中の空襲で多くが破壊され取り壊されたとはいえ、ナチス時代と比較すれば小規模な海軍を立ち上げるのに必要な施設は残されていた。基地の誘致に際しては、当時の上級市長ミュトリンク（Hans Mütling）が積極的であった。一方で市民たちは、ためらいとともにある種の疑念を持ちながら、海軍の設置を見守ったという（H.-R. Boehmer, Kiel und die Marine）。ともあれ、軍港都市の伏流水が、再び目に見える流れとなった。

一九五六年、キールに戦後初めて三隻の軍船（高速艇）が配備され、その四年後（一九六〇年）には、キールの造船所（リンデナウ造船所）で戦後初めて海軍艦船（補給艦「マイン」）が進

I-17　軍用基地であることを示す看板とフェンス

水した。さらに一九六九年には、主力艦として誘導ミサイル付駆逐艦（Lenkwaffenzerstörer）三隻がキールに配備された（H. Grieser, Wiederaufstieg aus Trümmern）。冷戦時代、ここには駆逐艦を始め多数のSボートとUボートが配備されていた。デンマーク諸海峡付近でのワルシャワ条約機構所属国との海戦が想定されていたのである。一九六〇年代中頃には、海軍関係者として軍人約九、〇〇〇名、民間人約二、〇〇〇名がキールで勤務していた（H.-R. Boehmer, Kiel und die Marine）。冷戦時代の終了、ドイツ再統一（一九九〇年十月一日）の後、「連邦海軍」は「ドイツ海軍」と名称を変え、その現有兵力はキールでも削減された。現在、キール海軍基地に残されているおもな部局は、艦隊司令部（Flottenkommando）と海軍局（Marineamt）、それに海軍兵学校（Marineschule）である。縮小されたとはいえ、キールに足を運んだ者が市内ヴィク地区に広がる立ち入り禁止地区を取り囲むフェンスや（I-17）、その海域のティルピッツ港に係留されている灰色の艦船を眼にすれば、ここが現在も軍港であることには、誰もが納得をするはずである。

キールは「ゼロ時間」を迎えたか

一九四五年、ドイツは「ゼロ時間」を迎えたということがしばしば指摘される（M・フルブルック『二つのドイツ』）。はたしてその時点がドイツにとってまったく新しい出発点となったのかどうかということは、議論の分かれるところであろう。しかし、本書で取り上げた都市キールに関して言えば、敗戦は決してゼロ時間をもたらしたわけではなかった。一九四五年以降も、造船業は製造業部門における主要産業であり続け、海軍も戦後一〇年ほどして復活した。双方ともに、第二次世界大戦以前のような圧倒的な存在感はもはや見出されないとはいえ、造船所と海軍は、やはり戦後のキールにおいても経済や都市景観を語るうえでは無視することのできない位置を占めるようになったのである。二度の敗戦を契機として、キールは海軍と造船を中心とする軍需に依存した軍港都市特有の都市構造が持つ危うさを経験したはずであった。戦争の有無が都市の景気や人々の暮らしを左右するという、これまでの経済や社会のあり方に疑問を持つキール市民は、多く存在したに違いない。

脱ナチ化が進むなかでキールは、劇場の再建に着手するなど、平和な文化都市として再生しつつあることを内外に示そうとした。伝統ある大学都市であったということも、文化都市キールのイメージを高めていくうえで貢献したことであろう。一九五二年には、「キール文化賞（Kieler Kulturprise）」が設けられ、エミール・ノルデ（一九五二年：画家）やユン・イサン（一九六九年：韓国出身の作曲家）など、そうそうたる文化人が受賞の対象となっている。

しかし、海軍と造船を基盤として近代の発展を遂げてきたキールでは、二度の敗戦を経験した後も、規模は縮小したとはいえ、この両者とのつながりはやはり維持された。第二次世界大戦の終了が「ゼロ時間」となって、それらと無縁の新都市が築き上げられたのではなかった。海軍と造船こそは、キールの都市形成の歴史に深い刻印を施してきた同市の「顔」とも言える存在である。都市キールの過去と現在のみならず、将来を語るうえで、「軍港都市」という属性は、やはり無視することができないであろう。

以上、ドイツ・キールの近・現代史をたどってきた。以下「Ⅱ編」では、佐世保へと視点を移し、わが国における軍港都市の誕生と発展が、佐世保を事例として語られることになる。とりわけ、第9章と第10章では、軍港都市の戦後における経験が、テーマをいくつかに絞って「Ⅰ　キール編」でなされた以上に立ち入って考察されることになろう。

Ⅱ　佐世保編

第6章　軍港都市佐世保の誕生

（1）軍港都市佐世保の前史

軍港都市の立地条件

キール市は、すでに一三世紀には都市としての実態を備えていた。それと比べると、都市としての佐世保の歴史は極めて短い。市制の施行は明治三十五年（一九〇二年）であるから、軍港都市となってかなりの時間が経過した後の市への移行である。それゆえ、厳密に言えば、佐世保には軍港設立以前の都市の前史はないのであるが、ここでは鎮守府が開設される前の佐世保の状況について簡単に述べておくことにしよう。

わが国では、海軍の軍港は寒村に設けられた。一般に旧陸軍の師団が置かれ、いわゆる「軍都」となった都市には城下町が多く、明治維新以前にすでに都市的な景観を形づくっていた場合が多い。例えば、弘前、仙台、高田、金沢、姫路、熊本などといった都市がそうであり、しかもこれら地方の軍都は、広大とはいえぬまでもある程度平坦な土地を確保することができる平野部に発達した城下町であった。

これに対し、旧海軍の鎮守府は、それまで都市的な歴史や伝統がないところに設置された。明治時代になり、「軍港都市」はまさに忽然《こつぜん》と誕生した。しかも鎮守府の建設に際しては大規模な港や造船所の建設が必要とされるので、十分な水深が確保される入り組んだ海岸線を持つ土地が選ばれた。大掛かりな開発となるので、まだ市街地が存在しない未開拓の地であることも要件の一つであった。その結果、たいてい平野の少ない土地が選ばれることになった。かくして地形が複雑で山と海に恵まれた軍港都市は、どこもみごとな自然景観を誇る。天然の美観が続く海岸線の一定区画が大規模に開発され、限られた平坦な土地に家屋が密集し、入り江の奥に見上げるほどの高さのクレーンがそびえ立つ巨大な造船所が垣間見えるという、わが国の軍港都市独特の光景が作り出されていったのである。

軍港以前の佐世保

軍港となる前の佐世保も都市的な要素を欠いていた。後に合併する周辺の集落を含め、どこにでも見られるありきたりの農業と漁業を生業とするのどかな集落が分布していた。明治初期に旧佐世保村の人口は三、七〇〇人あまりに達していたとはいえ、維新以降も急速な近代化の波にのるということはなく、軍港となるまでは、後の急速な発展につながるような胎

Ⅱ-1　佐世保の所在地

動さえも感じ取ることができないような集落だったようである。

しかも、軍港ができる前の佐世保湾一帯の港としての評価は、あまり芳しくなかったらしい。例えば、正保四年（一六四七年）に平戸藩で作成された「肥前国平戸領絵図」を見ると、現在の佐世保港の辺りに「ヒノワ浦湊《みなと》悪《わるし》」、「赤崎浦湊悪」と書かれているのがわかる（『佐世保のあゆみ』）。当時海岸線が現在よりもずっと内陸に迫っており、かつての東京（江戸）と同様、現在の市街地のかなりの部分が当時は水面下にあった。佐世保港が良港と見なされるようになったのは、船舶が洋式化し、大型の艦船が造られるようになってからのことと思われる。

天明八年（一七八八年）、画家にして蘭学者の司馬江漢が、長崎から平戸に向かう途中、船で大村湾から針尾瀬戸を経由して佐世保湾の入り口付近を通過した。そのときの経験を彼は、「山入組、齟齬《そご》として潮岸岩に触、波なくして皆雲珠捲《うずまき》をなす、誤て乗入バ船忽《たちまち》沈む」と『西遊旅談（譚）』のなかで述べている。ここで取り上げられているのは、西彼杵《にしそのぎ》半島と針尾島の間、現在二つの西海橋が架橋されている渦潮で有名な海域である。佐世保港そのものの描写ではないとはいえ、その近辺の地形、水路が船の通航に決して適しているわけではないということが、この文章からわかる。

陸路のほうはどうであっただろうか。嘉永三年（一八五〇年）には吉田松陰が、やはり長崎から平戸に向かう際に現在の佐世保市内を通過している。すなわち、途中彼杵から平戸往還を用いて九月十二日に早岐《はいき》に投宿、翌十三日は佐世保、中里の宿場を経てその日は江迎の宿で夜をすごしている。彼の日記からそのときの様子をうかがうと、「雨。早岐より佐世保へ二里、浦より中里へ二里、中里より江向（江迎）へ四里、共に八里。（中略）この日の艱難実に遺忘すべからず。一には、八里の間皆山坂険阻の地なり。二は、雨に依りて途中傘を買ひ煩を添う。三は、独行踽々《くく》、呼びて応ふるものなし、唱えて和するものなし。四は、新泥滑々、歩行遅渋す」とある。雨にたたられたとはいえ、悪路の続く相当辺鄙《へんぴ》な街道であったようである（『佐世保のあゆみ』、『市史　通史編』上）。

こうした記録を目にする限り、軍港設置前の佐世保は、地形的条件はそれほどよくなく、交通の便に恵まれていたというわけではなかったようである。佐世保と外部との交流は限られたものでしかなかったと推測するのが自然であろう。これも軍港都市となる前の佐世保とキールとの大きな違いである。軍港となる前にすでに鉄道が敷かれ、定期的な蒸気船の運航が開始されていたキールと比べれば、佐世保は相当ひなびた「田舎」だったのである。その佐世保の港にいきなり軍艦が出現し、街の動きがにわかにあわただしくなったのが明治十六年（一八八三年）のことである。

なお、わが国を克明に測量して歩き回り、詳細な日本地図を作成したことで知られる伊能忠敬は、文化十年（一八一三年）の元旦をはさんだ一か月間以上にわたり佐世保とその周辺に滞在していた。その間、彼の一行は丹念に測量を続けたが、忠敬の日記からは佐世保の地形的な特徴に関する記述を見出すことはできない。六九歳の新春を迎えるに当たり、彼は松浦郡相神浦《あいこのうら》、現在の佐世保市相浦《あいのうら》地区で歌を詠んだ。

七十に近き春にぞあひの浦
九十九島をいきの松原

佐世保を代表する風光明媚な海岸地帯、九十九島《くじゅうくしま》（現西海国立公園）が詠い込まれている（『図説　佐世保・平戸・松浦・北松の歴史』）。

（2）軍港都市の誕生

1　佐世保鎮守府の開庁

佐世保での調査

明治十六年（一八八三年）八月、佐世保湾に軍艦が初めて入港した。艦の名は「第二丁卯《ていぼう》」（一二五トン）、佐世保の歴史が変化する契機を与えた船である。佐世保の軍港への道のりを語るうえでこの船の名は欠かせない。丁卯とは、この船が建造された慶応三年（一八六七年）の干支である。艦長は、かの東郷平八郎（当時少佐）。同乗の肝付兼行《きもつきかねゆき》（当時少佐、後に海軍大学校長、大阪市長）を筆頭とする測量班の人員が、佐世保湾とその周辺海域の測量調査に従事した。

翌十七年（一八八四年）には、海軍大輔樺山資紀《かばやますけのり》が来保《らいほ》（佐世保に来ること）。さらに年が明けて明治十八年（一八八五年）二月、樺山資紀と川村純義海軍卿が来保、その後肝付少佐による佐世保での詳しい調査・測量が半年間続いた。こうした海軍の要人の来保が続くなか、翌明治十九年（一八八六年）四月、佐世保は再び樺山資紀を迎え、その直後、五月四日付の勅令三九号の発令により、海軍鎮守府の佐世保設置が正式に決定した。

鎮守府設置計画

一九世紀も末に差し掛かり、アジアをはじめ、ヨーロッパから見て辺境に位置する地球上の諸地域では、イギリスを筆頭とする列強諸国に新興国のドイツも加わって、市場のみならず領土をも対象とする争奪戦が繰り広げられていた。帝国主義の時代の到来である。わが国も明治維新を断行し、新体制のもとで近代化に踏み出すことができたとはいえ、欧米と同等の近代国家の構築を目指すのであれば、脱亜入欧を念頭に急速な富国強兵化が必要であった。弱肉強食の時代であったからこそ、列強諸国と互角に渡り合うことを可能とするだけの軍事力が必要とされた。とりわけわが国は周辺を海に囲まれた海洋国家である。海からの攻撃を防ぐ、すなわち「海防」を強化するために海軍力の増強が求められた。その海の守りの拠点となったのが、海軍の鎮守府である。

わが国の初期の鎮守府設置計画では、まず東海・西海の二箇所、次いで東西南北の四箇所の設置案が計画されたが、明治十九年（一八八六年）に制定された海軍条例で全国を五つの海軍区に分けて各海軍区に鎮守府を置くことが決定された（最終的に本土に置かれたのは横須賀、呉、舞鶴、佐世保の四箇所）。先に見た同年の佐世保への鎮守府設置の決定はこれに基づいたものであり、このとき同時に呉への設置も決まっている。とはいえ、鎮守府の設置箇所はすんなりと決まったわけではなく、佐世保の場合も、実は先に候補地として伊万里が優先されていたという。ちなみに伊万里の街は、キールと同様、陸地に深く楔《くさび》を打ち込んだような輪郭を持つ伊万里湾の奥に開けている。上空から見る限り、伊万里湾は佐世保湾よりはるかにキール湾に類似していることがわかる。

『佐世保市史　軍港史編』（上巻）は、佐世保が選定された理由について述べられた最も確かな資料として、伊藤博文編『兵制関係資料』のなかにある「鎮守府配置ノ理由及目的」（『秘書類纂』十、一九六九年所収）の次の文章を引用している。「佐世保鎮守府ハ最モ枢要ノ位置ニシテ直チニ各隣邦ニ面シ、沖縄・壱岐対馬及五島等ノ遠隔地ヲ管轄スルヲ以テ、支那及欧州諸国ト事ヲ生ズルハ必ズ此方面ニ在ルコトヲ断言シ得ベシ。故ニ該鎮守府ニ在テハ専ラ出師準備ノ規模ヲ大ニシ造船業ノ如キハ呉長崎ニ製造所アルヲ以テ左ノミ之ヲ拡大セザルモ可ナルベシ。若シ夫レ位置ノ選定ニ至テハ九州ノ全土港湾固ヨリ多シト雖モ、佐世保ヲ措テ他ニ軍港ニ適スルノ地アルヲ認メズ。是レ佐世保ニ鎮守府ヲ設置スル所以ナリ」。このような外敵との衝突という観点に加えて、おそらく必要とされる食糧や水、石炭などの資源の十分な確保を可能とするだけの後背地の有無も考慮されたことであろう。ちなみに、佐世保の水は日本一うまいと旧海軍艦船の乗組員から好評であったという（江頭巌「幕末・明治初年の内外情勢と佐世保海軍鎮守府の開設（年表）その二」）。

都市建設

　鎮守府設置の決定が下されると、海軍はさっそく建設予定地の土地・家屋の買収に着手し、明治二十年（一八八七年）一月から大倉組、藤田組の共同請負によって工事は始まった。この頃よく歌われたという「軍港草分け数え歌」には次のような歌詞が含まれていた。

　一つとせ、広い平戸の佐世保には、日本に名高き海軍省、この海軍省
　二つとせ、藤田、大倉請負いで、入り込む夫方は数知れぬ、この海軍省
（中略）

五つとせ、岩にかけたる地雷火で、けが人死人が数知れぬ、この海軍省

（後略）（『佐世保のあゆみ』）

軍港の建設に際しては、発破《はっぱ》を仕掛ける、岩山を切り崩すといった危険な作業が急ピッチで進められた。そのため死傷者が続出し、死者は合計八〇名を超えたという。当時の新聞（『鎮西日報』一八八七年一月十六日）は、「藤田、大倉組の下請人、賃金の不払いで逃げ帰る者が多い。ある組等二千人もいたが、今は二、三百人とか、それでも何千人でも甘言に釣られ来る者が多」かったと述べている（『市史　通史編』下）。人夫のなかには、長崎県人以外にも多くの佐賀県出身者が含まれていた。

明治二十二年（一八八九年）七月一日、佐世保鎮守府が開庁。翌二十三年（一八九〇年）四月二十六日には開庁式が挙行され、佐世保の地は初めて天皇を迎えた。行幸に際しては、県内はもとより佐賀や福岡、熊本からも人が押し寄せ、式終了後に御召艦「高千穂」を見送った人は八万人に達したという（『市史　通史編』下）。初代の鎮守府司令長官は赤松則良。五つある海軍区のうち、佐世保は第三海軍区を担当することになった。海軍の一大拠点となった佐世保では、この後も海軍施設の拡充が続くとともに、鎮守府の名に恥じない街が急速に建設されていく。「村」はいきなり都市へと変貌を遂げていくのである。

2　市街地の建設

開発の進展

現在の佐世保の繁華街は、JR佐世保駅と市役所の間の区間、すなわち駅から北西方向に延びる国道三五号線と、それと並行するアーケード街を二本の軸としてその周辺地域に広がる。しかし、上京町、下京町、本島町、島瀬町などといった現在とりわけ賑やかな一帯は、軍港となる明治初期に至るまでは湿地や水田であり、当時集落といえば、もっと離れた元町や市役所の近く、西方寺や八幡神社の周辺にあるだけであった。このような土地に、道路がほぼ碁盤の目状に直角に交わる近代的な都市の建設が計画された。

明治十九年十二月、長崎県は、すでに佐世保村がある東彼杵郡から提出されていた建設予定図を検討したうえで、県令で佐世保市街の建設に着手することを公示した。当初の計画は、むろん現在の市街地の規模と比べれば狭いものであったとはいえ、開発予定地域の面積や道路の幅の広さなどからすれば、その規模は、当時としてはかなり大掛かりなものであった。それゆえ問題となったのは、建設資金の捻出であった。県令では、道路や橋梁、下水の建設、川の流路変更などの工費は、原則村費をもって負担するとされ、結局は村民や地主が実質的な負担者とされた。そのため、負担額の軽減を求めた地主側が嘆願書を繰り返し作成することとなった。

高すぎた理想

かなり思い切った街づくりが想定されていたことは、「佐世保市街地家屋建設規則」（明治二十年）に、次のような取り決めが含まれていたことからもうかがえる。すなわち、その第三条で「住家其他の建物の屋根は瓦若くは金属を以て葺《ふ》く」こととされたほか、第四条では、開発区間内の県道ならびにそこから鎮守府に至る沿道の宅地に限って「石造煉瓦《れんが》又は塗屋《ぬりや》にあらされは其建築を許さず」と定められたのである。鎮守府のある街にふさわしい、風格のある町並みの建設が意図されていたのであろう。だが、理想は少々高すぎたようである。経済的な負担を強いられる地主側の嘆願もあり、翌明治二十一年の四月にこの第三条と第四条は削除されることになった（『市史　通史編』下）。

このような例に見られるように、当初計画された建設案は、適宜実情に合わせて修正が施されていき、スケールダウンを繰り返しながら市街地の建設は進められていった。計画が繰り返し変更されたうえに、湿地での市街地の建設であったため、工事はかなり難航したという。明治二十三年には鎮守府の開庁式が挙行され、天皇来保の栄誉を得ることもできたのであるから、すでにそのときまでには、少なくとも鎮守府正門周辺の目抜き通りの建設と町並みの整備は、鎮守府のある街として恥ずかしくないだけの程度には達していたことであろう。

しかし、全体としてみれば、開発の行き届かない箇所がかなり残されていたというのが実

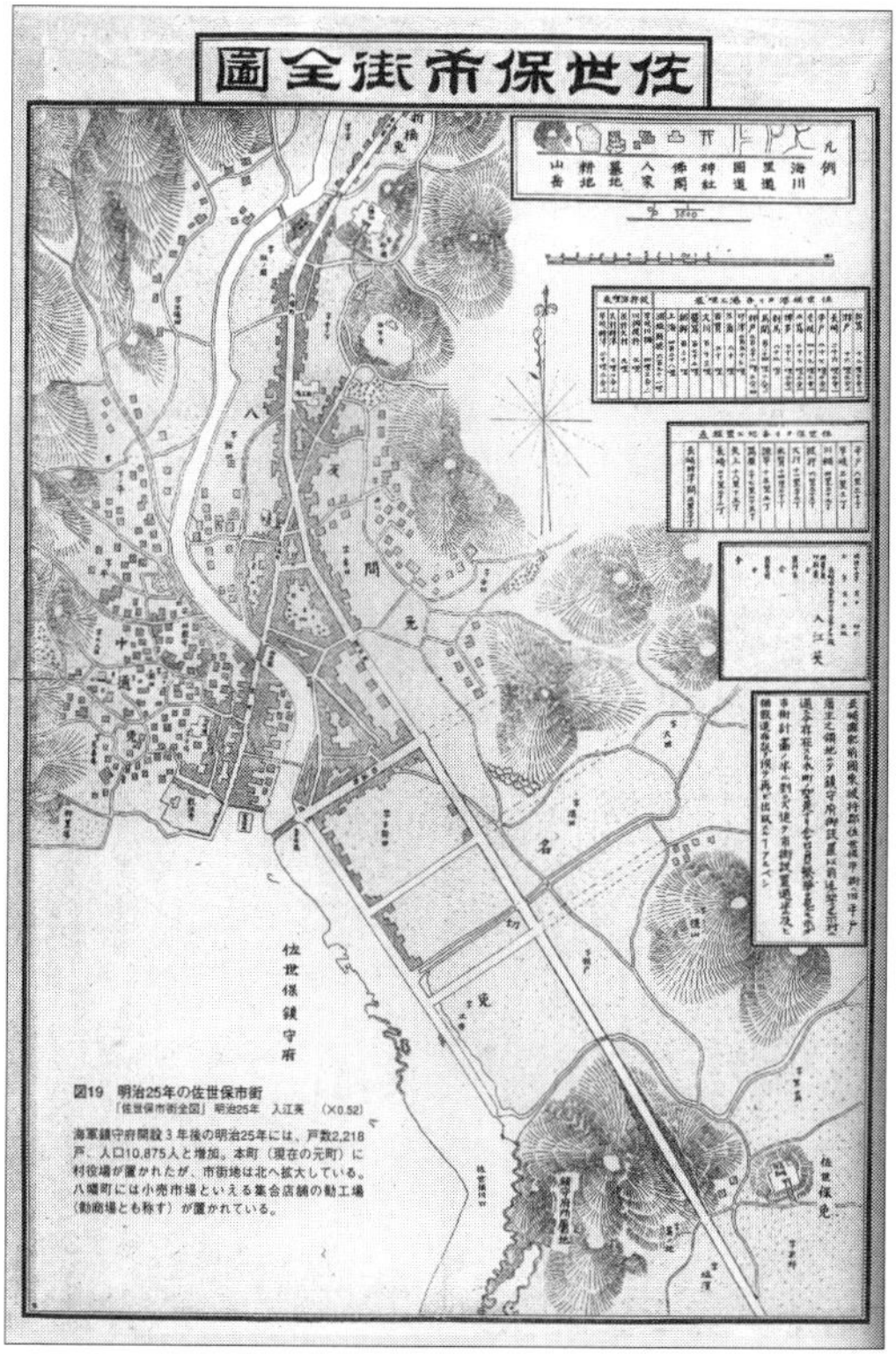

Ⅱ-2　明治25年の佐世保市街

状だったようである。明治二十六年（一八九三年）頃には、ほぼ計画されていた碁盤の目の町割りは出来上がっていたようであると記された文献もあるが（『佐世保のあゆみ』）、その前年のものとされる地図を見る限りでは（平岡昭利編著『地図でみる佐世保』）、開発が進んでいるのは鎮守府正門に近い本町（現元町）以北に限られ、現在の繁華街に当たるその南側では、背骨に相当する国道に交わる肋骨《ろっこつ》をなす道は、まだほとんど建設されていなかったことがわかる（Ⅱ-2参照）。とはいえ、この地図からは、北部八幡町に「勧工（商）場」が開設されていたのを見て取ることができる。勧工場とは、百貨店が出現する以前にわが国でよく見られた集合的な、当時としては大型の小売店舗であり、このような施設があったということは、すでに佐世保ではある程度の商業的な賑わいが生み出されていたということを推測させる。

明治三十一年一月に九州鉄道佐世保線（後に省線、国鉄、ＪＲ）が開通し、佐世保駅が開業する。その四年後、明治三十五年の地図を見ると、ようやく元町から南、佐世保駅までの区間で碁盤の目の町割りが形成されている（平岡昭利編著『地図でみる佐世保』）。遅くともこの頃までには整然とした町並みが整備されていたことがわかる。この年の四月一日、佐世保は一挙に村から市に昇格する。

3　市への昇格

村から市へ

市街地の建設は遅れ気味であったとはいえ、鎮守府の開庁と新たな街の出現は、佐世保に住む人々の数を一挙に増大させていった。鎮守府の設置が決定する三年前、明治十六年の佐世保村では三、七六五人の人口が記録されたにすぎなかった。ところが、その一八年後の明治三十四年（一九〇一年）には四八、〇一〇人となり、五万人に迫る勢いを見せていた。おそらく村は、県との調整も含め、大小さまざまな案件を抱えるようになったことであろう。なかには早急な決済が必要なものも多く含まれていたはずである。しかし、村である限りは東彼杵郡の郡役所を経由する必要があり、決済の迅速さという面で問題が目立つようになった。

そこで湧き上がってきたのが、市制施行に向けた動きである。「町」を跳び越し「村」から一挙に「市」に昇格しようとする気運が、古くからの佐世保在住者（土着派）を中心に村民の間で高まっていったのである。明治三十二年（一八九九年）十一月、当時の佐世保村村長小川寅二は、「市制昇格案」を村会に提出し、十二月に可決、翌三十三年二月になり小川村長と村民の総代が県庁に出向いて請願書を提出した。しかし、これは却下されてしまう。

佐世保市と佐世村

却下の理由は、村民たちの意見がまとまっていないことにあった。すなわち「土着派」は市への昇格に積極的であったのに対して、軍港化に際して佐賀をはじめ県外から佐世保に寄留するようになった人々（寄留派）は市制施行に消極的であった。さらに古くからの村民のなかでも、山中、熊ケ倉、横尾などの開発の及んでいない、もっぱら農業で生計を立てていた周辺部の住民は、根強い反対派であった。市に昇格したとしてもその利益は周辺地域にまでは及ばず、課税の強化など負担が増えるばかりである、というのが反対の理由であった。結局、こうした周辺部の人々は反対意見を最後まで押し通したので、明治三十三年十二月の村会では、村の一部を分離して市制を施行するという小川村長の案が可決された。長崎県は佐世保村と東彼杵郡参事会への諮問を経たうえで、内務大臣に向けて佐世保の分村化と市制施行を申請、内務省は、明治三十五年（一九〇二年）三月十四日付でそれらを許可する旨を通知した。それを受けて県は、同年四月一日に佐世保村が市へと昇格することと、熊ヶ倉をはじめとする周辺部の「免《めん》」（字《あざ》に相当）が分かれて新しく佐世村をなすことを告示した。

こうして佐世保は「村」から一挙に「市」に昇格した。その半年後の、明治三十五年（一九〇二年）十月一日に呉が、さらに五年後の明治四十年（一九〇七年）に横須賀が「市」となる。舞鶴（東舞鶴市）はもっと遅く、昭和十三年（一九三八年）である。反対派の住む地域を切り捨てるようなことまでして、あえて佐世保は軍港都市の先陣を切って市制施行の道を選んだのであった（『市史　通史編』下、『佐世保のあゆみ』）。

一九〇〇年代初頭、佐世保は全国有数の大都市となった。人口数から見て一九〇八年は全国一三位、一九二〇年でも二一位に位置した（原田泰『都市の魅力学』表―1―1）。

第7章　軍港都市佐世保の発展――戦争を糧として

（1）佐世保と戦争

三度の戦役

キールがプロイセンの軍港となったのが一八六五年、第一次世界大戦の開戦が一九一四年であるから、この間五〇年ほどの年月をかけて、キールは本格的な海戦経験なしに海軍施設の拡充と都市基盤の整備・拡大に力を入れることができた。これに対して佐世保は、軍港設置の決定が明治十九年（一八八六年）、日清戦争の開戦が明治二十七年（一八九四年）であるから、決定から一〇年を経ずして、さらに鎮守府の開庁（明治二十二年）から換算すれば、わずか五年が経過した後に、早くも実戦を経験することになった。その後も、日露戦争（明治三十七〜三十八年：一九〇四〜一九〇五年）、第一次世界大戦（大正三〜七年：一九一四〜一九一八年）と一〇年おきに三回戦われた戦争において、佐世保は出撃基地の役割を果たした。これら三度の戦役のなかでは、日清、日露の両戦争はわが国の領土とも関わる国運を左右する戦争として取り上げられる機会が多いが、第一次世界大戦はおもな戦場がヨーロッパだったこともあり、わが国で注目されることはあまりない。しかし佐世保は、艦船の派遣を通じて第一次世界大戦とも少なからぬ関係を持ったのであった。以下、これら三回の戦争と佐世保との関わりについて見ていこう。

日清戦争

朝鮮半島を舞台として明治二十七年（一八九四年）に引き起こされた「東学党の乱（甲午農民戦争）」は、清国と日本の双方が反乱鎮圧を口実として朝鮮に出兵する事態を招き、それまでの日清両国のにらみ合いが軍事的な衝突へと激化する契機となった。同年七月十七日、わが国の大本営は開戦を決定、その一週間後の二十四日には伊東祐亨《すけゆき》を司令長官とする連合艦隊が佐世保を出港し、その二日後に仁川沖の豊島《ほうとう》で清国の軍艦を一隻炎上させた。わが国が清国に宣戦布告を行なったのは、八月一日のことである。翌二十八年の一月から二月にかけて、わが国の連合艦隊は威海衛《いかいえい》を封鎖したうえで、世界海戦史上初めて水雷艇による夜襲を仕掛け、清国側は降伏、日清講和条約（下関条約）締結の後、連合艦隊は佐世保に帰還した。

『佐世保市史　軍港史編』（上巻）によれば、戦争を控えた佐世保村では、開戦前の明治二十七年（一八九四年）七月十六日に村内有志協議会を開催し、艦艇の将兵らに対する慰労と軍費や砲台建築費の献納を決議し、さらに開戦後も、義捐金《ぎえんきん》の募集や軍用地の献納は続いたという。戦争期間を通じて、戦地に向けた海軍の前線基地であった佐世保では、補給や修理のための艦船の出入りが盛んとなり、多くの物資や労働者が集まってきた。大正八年刊行の『佐世保郷土誌』では、戦争当時の佐世保の様子を以下のように回想している。「（前略）空前の大戦役起こりしかば海には艦船の出入頓《とみ》に繁《しげ》きを加え、陸には貨物の輸送人馬の往来頻《しき》りにして殆《ほと》んど其の応接に遑《いとま》なきの盛況を呈し戦役漸《ようや》く終りを告げ東洋の平和に復するや府内と市中と共に又拡張の気運に会し佐世保の面目一新するに至れり」。戦争を契機として街の賑わいが増した様子を見て取ることができる。

いわゆる三国干渉により、わが国は遼東半島を放棄せざるをえなかったとはいえ、日清戦争による勝利は、海軍関連施設の整備を推し進める契機ともなった。むろん、そこには清国に代わってロシアの脅威が増したという事情もあったが、佐世保では海軍工廠の前身である鎮守府造船部における一号船渠《せんきょ》の完成や水雷団の設立、火薬庫の建設が実現した。明治三十年には、鎮守府造船部が海軍造船廠へと昇格した。この年はまた、佐世保要塞砲兵連隊が設置された年でもある（『市史　通史編』下）。

ところで、日清戦争後の清国は、下関条約によりわが国への賠償金の支払いを強いられただけでなく、欧米列強の半植民地政策が経済の弱体化や文化摩擦をきたし、清国内部での排外運動の高揚を招いていた。民衆の勢力はやがて義和団という秘密結社的組織へと結集し、明治二十八年（一八九五年）五月に北京の列強公使館を目指して進軍、これに危機感を抱いたわが国をはじめ英、米、仏、独、露などの列国は連合軍を結成し、清国に出兵した。このいわゆる「北清事変」においても、佐世保は、服部雄吉中佐率いる佐世保海軍陸戦隊や、東郷平八郎中将配下の増援艦隊の派遣を通じて前線基地となった。

日露戦争

三国干渉を契機として、ロシアは極東地域における東進・南下政策を露骨に展開するようになり、わが国に対するロシアの脅威は以前にもまして高まった。また、当時の世界経済の覇者、「世界の工場」と謳われたイギリスにとってもロシアの東方進出は、本国から見てかけ離れた地域の出来事であるとはいえ、その世界政策的な観点からすれば、やはり極めて憂慮すべき事柄であった。ここにイギリスと日本は利害の一致点を見出し、明治三十五年（一九〇二年）一月に日英同盟が締結され、アジアの新興国は、世界の頂点に君臨する当時の最強国と、ロシアに対処する立場から同盟を組むことになった。わが国はロシアとの戦争を念頭に置きながら、山本権兵衛海軍大臣のもと、海軍拡張政策に基づき軍備を増大していき、明治三十四年（一九〇一年）には舞鶴に第四の鎮守府を開庁させた。また佐世保では、明治三十六年（一九〇三年）に海軍造船所が佐世保海軍工廠と名称を変えて機構を拡大し、次の戦争に向けて態勢が整えられていった。

日露戦争で佐世保が担った役割は、日清戦争と比べるとかなり大きかった。東郷平八郎を指揮官とするわが国の連合艦隊が、多くの市民が万歳を連呼するなか佐世保を発《た》ったのは、明治三十七年（一九〇四年）二月六日、その五日後の十一日にロシアに対して宣戦布告がなされた。また、その四日後の十五日には、戒厳令も発令されたというのであるから、佐世保にとってもこの戦争は危険と隣り合わせだったのであろう。海上では防禦《ぼうぎょ》海面令により、佐世保軍港防禦海面区域が設定され、水雷敷設隊が水雷を設置し、佐世保軍港の海面防備が整えられた。しかし一方では、日清戦争のときと同様、軍需景気の盛り上がりが佐世保に向けたヒトとモノの流れを活発化させ、市街地の拡大と整備が一段と進んだ。長距離電話、市内電話の開設や上下水道の整備、電灯の普及など市民生活に資する社会資本が著しく充実したのもこの頃である（『市史　通史編』下、『市史　軍港史編』下）。鎮守府を備えた軍港都市にふさわしい威容とともに、軍港を支える市民の生活基盤も整えられていったのである。

人々が戦況の進展に一喜一憂するなか、佐世保市内でも出征兵士への慰問やその家族への扶助、戦病死者への感謝の表明がなされ、日本側の勝利に終わった会戦・海戦の戦況が報告されれば、祝勝会や提灯行列が挙行されるほどの盛り上がりを見せる場合もあった。ロシア・バルティック艦隊を打ち破った日本海海戦（明治三十八年（一九〇五年）五月二十七〜二十八日）の勝利は、佐世保市民をさぞかし大いに熱狂させたことであろう。この海戦自体は完勝だったとはいえ、もうわが国には十分な戦力が残されてはいなかったということは、国民の感知するところではなかった。ともあれ、五月三十日、東郷司令長官に率いられた連合艦隊は、ロシアの捕獲艦とともに佐世保に帰港し、祝賀会が市内八幡神社で開催されたという（『烏帽子は見ていた』）。ただし旗艦の「三笠」は、九月十二日に佐世保湾内で火薬庫を爆発させ沈没してしまう（死者三〇〇名以上）。翌年八月に引き揚げがなされ、再度現役復帰した後、現在は横須賀で記念艦として公開・展示されているのは周知の通りである。

日本海海戦で負傷したロシア・バルティック艦隊の司令長官ロジェストヴェンスキーが搬送された先は、佐世保海軍病院であった。入院の報に接した日本側の司令長官東郷平八郎は、六月三日、花束を持って病室のロシア側司令長官を自ら見舞い、ねぎらいの言葉をかけた。するとロジェストヴェンスキーは涙を流しながら感謝の言葉を述べ、両者は固い握手を交わしたというエピソードが伝わっている（『佐世保のあゆみ』）。

第一次世界大戦

第一次世界大戦はヨーロッパを主なる戦場としたので、わが国の本土が戦争の被害を受けることはなかった。しかし、わが国は、同盟国であるイギリス側に組するかたちで連合国側の一国として参戦した。それも、大戦開始後すぐにである。

大正三年（一九一四年）六月二十八日に有名なサラエヴォ事件が発生し、七月二十八日にいよいよオーストリアがボスニアに宣戦布告すると、ドイツは、ロシア、フランスに続けて八月四日、わが国の同盟国であるイギリスに対して宣戦を布告した。そのわずか三日後、わが国は閣議で参戦を決定、八月十五日にドイツに最後通牒を送付し、二十三日にはドイツと交戦状態に突入したのである。すでに八月二十日、佐世保は戦時にあるとして軍港の様子を報道することは禁止されていた。このような早期開戦に至った背景として、一つには同盟国イギリスからの要請があったことが挙げられる。と同時に、山東半島の青島《チンタオ》に海軍拠点を設けていたドイツを攻略することにより、中国進出の足がかりにしようといった帝国主義的な野心があったことも確かであろう。海軍の動きも早かった。参戦決定前の八月二日、海軍大臣八代六郎は、佐世保の第二艦隊司令長官加藤定吉に出動準備を命令、開戦と同日の二十三日にまず第二艦隊が、翌日には第一艦隊も佐世保を出港した（『市史　軍港史編』上）。

十月三十一日のドイツ・青島要塞に対する一斉攻撃の後、十一月七日に青島は陥落した。佐世保では、青島陥落当日の七日と八日と続けて勝利を祝う提灯行列が挙行され、八日には市内八幡神社で官民合同の祝勝会が開催されたほか、二十八日にも海軍関係者や長崎県知事、佐世保市長を交えて大規模な祝勝会が開催されている。青島で押収されたドイツ人の家財道具は佐世保で競売に付せられたという（『市史　通史編』下）。

戦時中佐世保を出港した艦船が向かった先はドイツの軍事拠点がある中国・青島方面に限られなかった。なかには巡洋艦「出雲」、「肥前」のようにアメリカに派遣された艦船もあった。第二特務艦隊のように、はるか地中海にまで派遣された船団もあった。大正六年（一九一七年）三月一日に佐世保を出港した第二特務艦隊は、マルタ島を拠点として翌年の休戦に至るまで、おもに輸送船の護衛を勤めた。その間、駆逐艦「榊《さかき》」が魚雷を受けて大破し、多くの死者を出すなど、前線基地佐世保にとっては衝撃的な出来事もあった。佐世保海軍墓地内には、この第二特務艦隊の七八名の犠牲者を祀る慰霊碑がある。また、鎮守府所属艦船の活躍は、多くの市民を寄付へと駆り立て、市のランドマークともいえる装飾豊かな建築物の誕生へとつながった。大正十二年（一九二三年）に開館した凱旋記念館、現在の佐世保市民文化ホールである（『図説　佐世保・平戸・松浦・北松の歴史』）。地中海に艦隊が派遣された大正六年には、連合国支援のためにわが国での建造が決まったフランスの駆逐艦二隻が、佐世保海軍工廠で起工、竣工している（『市史　軍港史編』上）。

世界大戦がなおも続行されるなか、大正五年（一九一六年）十一月、佐世保は大正天皇の行幸を受けた。神戸を経由して佐世保に向かった御召艦「榛名」は、九日午後五時に佐世保に入港し、天皇は佐世保鎮守府を訪問、天皇奉迎には、長崎高等商業学校の学生や壱岐・対馬の小学生までもが参加したという（『市史　通史編』下）。

　このように第一次世界大戦のさなかに至るまで、戦争を契機としてさらなる繁栄の機会を手にしてきた佐世保ではあったが、戦後の平和の到来と軍縮に向けた風潮の世界的な高まりは、今までとは逆に軍港都市の景況を一転させてしまうことになる。

（2）都市形成史

1　軍港都市へのまなざし

明治の書籍から

　都市化の後、佐世保はどのような街になったであろうか。日露戦争後の明治四十年（一九〇七年）に刊行された『長崎県紀要』という書籍は、わずかとはいえ佐世保に関する以下のような記述を含むという。「二十年前の一寒村、今や金城湯地の堅めとなり、戸数一万五千、人口七万五千の一大市となれり、（中略）新たに開かれたる此市街、街坊の整頓整備総て新式の規模に成り、水道は敷設され、電話は架設せられ駸駸乎《しんしんこ》として発達改良せらるる本市は今後十年間に於て如何なる程度に発達すべきか殆想像の外に在り」（森英輔「明治と佐世保」）。想定外の佐世保の発展が予測されているとともに、当時すでに水道や電話といった近代の都市生活を可能とさせる社会的インフラが一部整備されていた状況を見て取ることができる。

『五足の靴』

また明治四十年は、かの『五足の靴』の一行五人（与謝野鉄幹、北原白秋、平野萬里、木下杢太郎、吉井勇）が九州を旅し、佐世保にも足跡を残した年である。彼らの眼に映じた佐世保の街は以下の通りである。「汽車から降りた五人は、予期に反して、この街（佐世保のこと）の汚いのと淋しいのに驚きながら、平戸行の汽船を尋ねて、海岸のほうへ足を運んだ。（中略）佐世保は思いの外不恰好《ぶかっこう》な街である。一点ぽたりと落ちた墨が、次第に左右に広がっていくように、一軒の家が次第に膨んで往《い》ってこの街を形造ったのであろう、ただ徒《いたず》らに細長い、真直な大通が一筋、拳骨《げんこつ》のように中央に横《よこた》わって、肋骨とばかり数多《あまた》の横町を走らせている。（中略）夕方から町を散歩に出懸けた。見れば昼の意気消沈した姿とは違って、極めて盛んな光景《ありさま》、海軍士官がゆく、小僧がゆく、職工がゆく、人夫がゆく、乱雑な響が四辺《あたり》に満ちて、人いきれで蒸されるように思われる。（中略）熱鬧《ねつどう》の区《まち》、煙塵《えんじん》の巷《ちまた》（後略）」（『五足の靴』）。

竜骨のような国道（大通り）に沿って細長く発達した佐世保の町並みが、的確に表現されている。それとともに、この引用で注目されるのは、昼と夕刻との人出の差である。『五足の靴』の五人は、当時の知識人として軍港都市佐世保の急発展をおそらくは知っていたことであろう。しかし、彼らの眼から見て、一般の人々にとっての就業時間である昼日なかの佐世保の街の人出は驚くほど淋しいものであった。ところが夕方になると仕事から解放された海軍士官や小僧、職工、人夫が大挙して繁華街に押し寄せてきた。男性の労働者や軍関係者、それも単身で佐世保に一時的に乗り込んできた者が多かったであろうことも、この引用文からはうかがえる。

「士官さんの佐世保」

大正時代については、郷土史家の前川雅夫氏が紹介する「士官さんの佐世保」（『九州の現在及び将来』所収、実業之世界社、大正五年刊行）という文章のなかの記述を取り上げてみたい。

「軍港地と言えば、いずれもにわか出現の都市にして、他国人の寄り合いなるがために土着者極めて少なく、その気風、植民地的にして人気《ひとけ》荒らし。佐世保が景気づくは戦争開始の時なり。（中略）ひっきょう佐世保は騒動を好む人の都市なり。戦争開始のドサクサまぎれに、火事場泥棒的の儲けをなさんとする欲張り者の都市なり。（中略）佐世保における士官さん、水兵さんは、佐世保八万の市民に飯の種を供給するものなり。士官さん、水兵さんなくしては、彼らの口は乾《かわき》上がらざる（べ）からず。地域狭小なるに加うるに工業をおこすに足るべき河川なし。これをもって佐世保はとうてい軍港として以外に発達の見込みを有せざるなり」。

まことに厳しい指摘である。少なからず感情的とも受け取れる表現が目立つのは、紹介者の前川氏も指摘するように、「戦争で苦しむ国民の、戦争で発展する佐世保への複雑な感情がこめられている」からなのであろう。引用文所収の文献は大正五年、第一次世界大戦のさなかの刊行である。佐世保はこの世界大戦と関わりの深かった、わが国でも数少ない都市の一つである。ともあれ、外部の人間が佐世保に寄せるまなざしとは、大概はこのようなものであったのかもしれない（『させぼ歴史・文化夢紀行』）。

山頭火の見た佐世保

満州事変勃発の翌年、昭和七年（一九三二年）には、漂泊の詩人として知られる種田山頭火《たねださんとうか》が早岐から佐世保に足を踏み入れた。彼の日記『行乞記《ぎょうこつき》』にある佐世保に関する記述を抜き出す。「三月二十二日　佐世保はさすがに軍港街だ、なかなか賑やかだ、殊《こと》に艦隊が凱旋《がいせん》してきたので、街は水兵さんでいっぱい、水兵さんは大持てである。（略）夕食後、市街を見て歩く、食べものの店の多いのと、その安さに驚く、軍港街の色と音がそこにもあった」。「三月二十三日（略）市内見物に出掛ける、どこも水兵さんの姿でいっぱいだ、港の風景はおもしろい。

プロレタリア・ホールと大書きした食堂もあれば、簡易ホテルの看板を出した木賃宿もある、（略）佐世保の道路は悪い、どろどろしている（雨後は）、まるで泥海だ、これも港町の一要素かもしれない（略）」。急成長した佐世保では、道路の整備が開発に追いついていなかったようである。三月二十六日には、「空に飛行機、海に船、街は旗と人とでいっぱいだ」という記述を見出すことができる。二十九日に山頭火は相浦へと宿を移した（『定本　山頭火全集』第2巻）。

前川雅夫氏の調査によれば、山頭火が佐世保市内に入った三月二十二日は、第一、第二連合艦隊六〇隻、将兵一五、〇〇〇人が佐世保に凱旋した日であった。陸戦隊の市内凱旋行進、市内八幡神社での戦勝報告と凱旋記念参拝、婦人会や青年団、在郷軍人会などによる茶菓の接待があったほか、活動写真や劇場、旅館は特別割引があり、佐世保市全体が戦勝気分でわきかえっていたという（『させぼ歴史・文化夢紀行』）。軍港都市が最も活気づく凱旋のさなかに、山頭火は佐世保に着いたのであった。

2　都市計画

申請の背景

明治十九年の鎮守府建設の決定以降、佐世保では「佐世保市街地家屋建設規則」などの県令に基づき、海軍省とも協議を重ねながら市街地の建設が進められた。しかし、もともと建設工事は遅れ気味であったうえに人口が急増し、家屋が増大したので雑然とした街並みが目立っていくとともに、市街地の拡大に道路の建設が追いつかなくなった。治安の維持や衛生の確保といった面からも、計画的な都市の拡大・発展が望まれるようになった。そこで大正八年（一九一九年）にわが国で（旧）都市計画法が制定されると、佐世保市はこの法律の適用を受けて市街地の整備に着手する計画を立てた。佐世保市は調査委員会を立ち上げ、過去一〇年間の人口動態、貨客輸送の推移、土地利用などの調査に着手した。そして調査終了後、同年十二月十九日付けで当時の佐世保市長筬島《おさじま》桂太郎の名前で都市計画法実施申請書が内務大臣宛に提出された。

この申請書からも、一挙に開発が進んだ佐世保の抱える問題が見て取れる。『佐世保市史　政治行政篇』によれば、佐世保は軍港の設置により大市街となり、「帝国西方の大関門、帝国海軍の策源地の軍港都市となった。しかし佐世保の市域は方一里（方四粁《キロ》）あまりに過ぎず、しかも急速に発達した結果は、新興都市に似合わず市街は雑然とし、道路は狭く、保安衛生、交通上遺憾の点が多い」。しかも「都市としての施設に至りては殆《ほと》んど見るべきもの之れなく」という有様である。それゆえ、「本市に都市計劃《けいかく》法の実施を得て雑然たる市街を整理すると同時に市区の拡張を為し海陸交通の便を図り商工住宅等の地帯を確立して市民生活の福利を増進すると共に日に月に発展する商工業利便に備え以て理想的都市を実施せしめんとするに本市当面の急務たりと相信じ候条　速《すみやか》に都市計劃法を本市に施行すべく御指定あらんことを」願い出たのである。

申請後数回の陳情を経て、大正十四年（一九二五年）、佐世保は他の全国一四都市とともにようやく都市計画法の適用を受けることになった。これにより、交通網の整備や保険・衛生の向上、産業構造や都市の将来像などを総合的に考慮しながら土地利用の方法を策定し、計画的に都市開発に着手することが可能となった。

幹線道の建設

以下では、佐世保において重要視された道路建設のなかから、最大の幹線道となる縦貫線（旧国道三三号線）の建設に焦点を当ててみたい。この道路は「佐世保都市計画市街路ノ部」において「第1号線」（佐世保縦貫線）として扱われ、北から南へ横尾・八幡町・松浦町・島瀬町・上京町・戸尾町・佐世保駅・日宇を結ぶ路線である。この縦貫線は、佐世保市街地の建設以来まさに幹線道として位置づけられ、産業、軍事、市民生活の各面を支える重要な役割を担ってきた。

しかし多くの車両が行き交う動脈であったにもかかわらず、その道幅は八〜九メートルしかなく、しかも街灯、電柱が立て込んでいたために実際の道幅は六メートルほどしか確保できなかったという。車両の通行の多いこの幹線道を二〇メートル幅に拡幅しようという案が、

Ⅱ－3　現在の国道35号線（昭和30年頃）

まずは都市計画法に基づく最初の改良工事として計画された。大掛かりな拡幅工事が計画された理由の一つには、実現はしなかったものの、ここに路面電車を走らせようという計画があったことも挙げられる（『市史　産業経済篇』、『市史　政治行政篇』）。かつては佐世保にも、いくつかの電車敷設計画が存在した（三浦忍『近代交通の発達と市場』）。

計画の変更

しかし、この通りは商店街をなす。もし拡幅するとすれば、土地の買収や店舗・家屋の移転、各種補償に莫大な費用と交渉のための時間が必要となることが懸念された。そこで選択されたのは、この道路の東側に並行して延びる「弥生座通り」と呼ばれていた市道を拡幅して改めて縦貫道に造りかえる方法である。

都市計画法に基づく佐世保の道路改良計画案は、すでに昭和四年（一九二九年）に認可を受けていた。同九年（一九三四年）にそれは国営事業としてみとめられることになり、同年二月から「佐世保縦貫道」の拡幅・建設工事が始まった。ルートは変更されたとはいえ、工事開始後は、やはり土地・家屋の買収・移転や地下埋蔵物や電柱の移設などが難航し、工期を遅らせることになった。また、この工事は失業救済事業としての性格も帯びていたので、機械力を少なくして極力人力を利用したということも、遅れの一因になったと考えられる。工事は段階的に着工・竣工を繰り返し、産業・軍事面での輸送力向上に役立てられていった。こうした市街地を貫く幹線道の建設は、また都市景観の向上にもつながったと述べてよいであろう。全工事が終了したのは終戦間際の昭和二十年（一九四五年）六月、佐世保空襲の間際であった（『市史　産業経済篇』）。こうして出来上がったのが、現在の市中心部の動脈である今の国道三五号線である（Ⅱ-3）。

（3）軍港都市の産業

1　軍港都市誕生期の繁華街

明治期の商業・交通

明治の初頭、佐世保とその近辺の主要な産業は、米と麦、芋を主体とする農業であり、沿岸部に点在する村々では漁業が営まれていた（『佐世保の歴史』）。そこに軍港を基盤とする街が出現すると、商工業を営む人が増えた。穀物以外にも、酒や味噌、醤油、菓子、石鹸、呉服、雑貨など、人々の生活に必要な、そして何よりも軍に納入される商品が流通するようになり、その種類と量を増やしていった。

鎮守府開庁七年後の明治二十九年に刊行された『佐世保繁昌記《はんじょうき》』を見ると、当時佐世保で営まれていた商売に短評が付され、軍港設置直後の人々のおもな生業を知ることができる。それらを列挙すると、廻漕《かいそう》、荷受問屋、酒舗、味噌醤油商、材木商店、書肆《しょし》、薬舗、呉服太《ふと》物《もの》商店、金物商店、紙商、質店、両替商、度量衡《どりょうこう》店、屠畜場《とちくじょう》、乳牛飼畜場、陶器商、鉄工所、鍛冶屋《かじや》、人力車、馬車、荷車、活版印刷所、時計商店、写真師、雑貨店、挿花指南所《さしばなしなんじょ》、料理屋・飲食店、芸妓《げいぎ》・娼妓《しょうぎ》、湯屋《ゆや》となる。また、店舗数が多いのは、菓子商（一八八戸）を筆頭に、米穀商（一一一戸）、煙草商（一〇二戸）と続く。

必需品、嗜好品《しこう》を扱う各種商売が当時成立していたことを確認することができるが、同時に注目されるのは、輸送にちなんだ生業がいくつか成立していたことである。調査年度はつまびらかではないが、『佐世保繁昌記』によれば、港内（おそらく佐世保港）の腕車（人力車）は一六五輌、荷車の総数は三〇三輌であった。馬車の数は四輌であり、佐世保（浜田街）・早岐間を往復していたという。荷受問屋は一六戸、廻漕店は九戸あった。佐世保・平戸、佐世保・長崎間の船舶の発着時刻が掲載されていることから、当時この区間ですでに定期便が就航していたことがわかる。また同書には、佐世保から唐津や博多、門司、馬関（下関）、今治、神戸、大坂（大阪）など、各港までの運賃が掲載されているが、同書が刊行された明治二十九年にこれら諸港と佐世保との間で直通航路が開設されていたのかどうかはわからない。ただし、大坂との間には明治二十二年には航路が開かれていたとの指摘がある（森英輔「明治と佐世保」）。ともあれ、こうした情報を必要とした人はいたのであり、これら諸港と佐世保との間で当時取引があったということは言えるであろう。

よろず屋と勧工（商）場

ところで、上で列挙した各種生業を営む店舗のなかには、おそらく分類が困難な店もあったのではないかと推測される。というのは、明治期の佐世保では、一つの店舗でかなり異質の商品が同時に販売されたり、まったく異なったサービスが提供されたりすることが多かったと考えられるからである。この点に関しては、『佐賀新聞』（明治二十三年五月三十一日）が、「佐世保商況」という題目で次のような記事を載せたという。すなわち、佐世保には、「問屋仲間が不在で、小売店のみで、それも一店一品目を商う商店でなく、「所謂《いわゆる》萬屋主義を採る」店だけ」があると指摘されたのである（中野健「「軍港都市」佐世保の都市形成」）。

「よろず屋」のような店舗が多かったであろうことは、すでに紹介した『五足の靴』のなかの佐世保に関する記述からもうかがうことができる。以下は『五足の靴』の五人が湯屋に行った際の見聞である。「この家は理髪床兼業で、掲示に犬及びその他の動物を洗うべからずと書いてある。すべて佐世保の街は共生を営んでいるので、氷屋と足袋屋、料理屋と瀬戸物屋などが、一軒の家に生活しているなどは、あまり他に見られない有様であろう」。氷屋と足袋屋とは、いささか珍妙な組み合わせであるが、佐世保の外部の人々からすれば、このような異業種の共存は、やはり珍しいものだったのかもしれない。しかし、「よろず屋」のような店舗でもその大規模なものは、佐世保を含めた当時のわが国の主要都市に広く分布していた。「勧工場」である。

明治二十五年の佐世保の地図から、勧工（商）場の存在が確認できることはすでに指摘した。佐世保の勧商場については、先にも取り上げた明治二十九年の『佐世保繁昌記』のなかに比較的詳しい記述を見出すことができるので、少し見てみたい。それによれば、まず勧商場の入場は、「必ず大門よりりす、門内左側に茶亭あり、場に入れば左にいくも可なり、右にいくも可なり」とあり、どちらも出口には通じていた。規則について見ると、「購求客を待たせ、当場外より物品を取入れ賣《う》る可からず」とある。本来なら扱っていない商品の外部からの持ち込み販売があったのであろう。他にも規則として、正札以下での販売の禁止、すべて売り物に正札を付けることの義務づけ、客と算盤《そろばん》を持って値段の交渉をすることの禁止などが挙げられている。場内の店舗総数は一八、雑貨店が最多で、他には陶器、漆器、金物、文具、書籍を商う店が入居していたらしい。顧客数は日に数千人、「毎日午前九時より開き、午後九時に至って閉づ」とある。この閉店時間の遅さは、現在の佐世保の繁華街（アーケード街）の現状を知る者からすれば、少々驚きである。また勧商場では、「男童《だんどう》の掌《て》を撫《ぶ》し」て購買を促し、「或は少女の鶯音《おうおん》低声して愛嬌を蒔《ま》く」光景が見られ、「素見百遍《すけんひゃっぺん》一品を買はざるものは、無聊《ぶりょう》を慰《い》するの閑人《かんじん》ならん」とも書かれている。目的もなしに繁華街をぶらつく、後世の「ウィンドーショッピング」を楽しむ人々も、そろそろ出現していたようである。

繁華街の喧騒

鎮守府が開庁して一〇年にも満たないとはいえ、佐世保の中心街では、「繁盛記」の名に恥じないだけの賑わいは生まれつつあった。引き続き『佐世保繁昌記』に従えば、鎮守府正門に近い浜田町（濱田街）は、「幾輛の荷車隊を為して土石を運ぶは、以て土工の盛なるを示し、数百の工丁列を作して木材を搬うは、以て建築の昌なるを観ず」とある。誕生して間もない軍港都市はなおも普請中であった。

しかし、例えば、鎮守府正門に近い元町（元街）については、「千商此に集い、百貨此に湊《あつま》り、往来の軍人は絶ゆる時無く、奔走《ほんそう》の衆庶《しゅうしょ》は断る節無し」と描かれており、誇張されているであろうが新興都市――当時佐世保はまだ「村」であった――の喧騒を十分感じ取ることはできよう。一方、現在も繁華街である本島町〔街〕は、当時、すでに飲食店が集中する街であった。酌婦《しゃくふ》数名が常に店頭に出て「或は往来の浪客を呼び、或は洋装の勇士を擁し、或は三絃を噛《か》じり、或は太鼓を叩き」などと記される。軍人がこうした酌婦の標的となることも多かったことであろう。遊郭街も、花園、勝富《かつとみ》といった中心街からやや離れた地区に形成されていった。

2　産業構造の一端

海軍中心の産業

寒村から軍港都市へと急成長した佐世保は、産業面ではどのような特徴を帯びるようになったであろうか。ここで軍港発展期の佐世保における産業構造の一端を、職業別の人口の分布、すなわち産業分野別の就業者数から見ておくことにしたい。表Ⅱ-1で大正九年（一九二〇年）の職業別人口分布を提示する。この大正九年という年は、軍縮の気運が高まる前、すなわち「八・八艦隊整備」が進み、海軍工廠の職工数がなおも増え続けていた時期に該当する。

表から明らかなように、軍港発展期の佐世保では、多くの就業者を吸収していた二つの部門が存在した。公務・自由業部門と工業部門である。公務・自由業部門が、一六、〇二〇人と最も多くの就業者数を記録していたのは、ここに陸海軍の軍人が含まれていたからである。この部門だけで佐世保市の全就業者（本業とする者の数。以下同じ）の実に三六・三％を占めていた。この年（大正九年）に記録されていた軍人の数は一三、六二四名であり（『大正9年・昭和5年国勢調査報告府県編　長崎県』）、ここに海軍工廠に勤めていた職工をはじめとする就業者が含まれていたと考えられる。この年、海軍工廠における職工数は九、八五三人であり、海軍工廠で雇われていた職工だけで佐世保市の全就業者の二二・三％にも達していた。軍人は、公務・自由業部門の全就業者の八五％、佐世保市の全就業者の三〇・九％に達していた。佐世保は軍人の街であったということが、このようなデータからも示されるのである。

もう一つの主要産業部である工業は、一三、六三三人の就業者を吸収し、その比率は全就業者

表Ⅱ-1　佐世保市における職業別人口の分布
（大正9年）（括弧内は女性の就業者数）

職業（大分類）	当該職業を本業とする者の数	比率
農業	1,185 (410)	2.7
水産業	107 (3)	0.2
鉱業	307 (60)	0.7
工業	13,633 (937)	30.9
商業	6,733(2,556)	15.3
交通業	1,740 (76)	3.9
公務・自由業	16,020 (678)	36.3
その他の有業者	1,730 (307)	3.9
家事使用人	8 (3)	0.0
無職業	2,625(2,021)	5.9
合計	44,088(7,051)	100.0

の三〇・九％とこれも高い比率を記録していた。工業部門のなかで最も多くの就業者を抱えていたのは、機械器具製造業の四、五五一人であり、おそらくその下位部門として造船業が含まれていたであろうが、そこに従事する人々の数は不明である。佐世保においては、キールのように、海軍工廠とは別に民間の大造船会社が多くの就業者を抱えていたということはなかった。とはいえ、工業のなかの業種を見れば、機械製造業以外にも、金属（三、四二七人）や土木建築（一、三二八人）といった海軍工廠の下請けを担っていたと思われる業種で多くの就業者が雇われており、軍港都市としてやはり海軍工廠における造船業――佐世保の場合は修理・艤装《ぎそう》が中心――を主体とする重工業が、佐世保で発達していたことがわかる。

ちなみに一〇年後、海軍工廠における職工の解雇が続いていた昭和五年に関して、同様の分析を施すと、この年、佐世保の全就業数（無業者を除いた有業者全体）は六二、五八二人であり、そこに占める軍人を含む公務・自由業部門の全就業者は二七、七二七人（『大正9年・昭和5年国勢調査報告府県編　長崎県』）、全体の四四・三％にまで比率を増加させていた。この年、海軍工廠における職工数は七、三四八人であり、大正九年と比べて二、五〇〇人以上も減少していた。ここで雇われていた職工が佐世保市の全就業者に占める比率は一一・七％と大正九年と比べてやはり大きく低下していた。しかし一方で、昭和五年の国勢調査によれば、同年の佐世保における現役軍人数は、二三、六〇六人、率にして市内全就業者の三七・七％であり、大正九年の三〇・九％を上回っていた。軍縮の時代であったとはいえ、佐世保市の就業者に占める軍人の割合は高まっていたのである。

海軍以外

ところで、軍港都市発展期の佐世保の産業については、上で述べたのとはまた別の側面に注目した見解も存在する。上でも参照した『佐世保郷土誌』（大正八年刊行）によれば、「本市の工業としては、石鹸及び玻璃《はり》（ガラスのこと）の二業を除きては殆んど見るべきものなし」との評価が下されているからである。他に同書で佐世保の工業として挙げられているのは、酒造業、醬油製造、鉄、竹細工、造船その他である。造船については、「戸尾町及庵浦の造船は盛なりといふに非ざるも一ヵ年十四五艘の帆船（二百石積位のもの）を製造し其の価格十四五万円に達す」と述べているにとどまり、海軍工廠のことには筆は及んでいない。海軍工廠と関連する工業についても、なぜ言及されていないのかは不明であるが、おそらく、この箇所の著者（不明）は、庶民の生活と関わる「生業」という観点から手工業的色彩の強い産業にのみ注目していたのではないかと考えられる。

他の産業についても見ておけば、大正九年の時点で農業に従事する者は一、一八五名、率にして全体の二・七％、また水産業に従事する者は一〇七名、率にして〇・二％にすぎなかった。軍港設置決定当初は、ひなびた農村ないし漁村といわれた佐世保ではあったが、すでに大正期においてこうした産業に従事する者の割合は、他の産業と比較してずっと低かったのである。鉱業に従事する者の比率も低かった。戦後一時期の佐世保における石炭産業の隆盛（後述）を考慮すれば、〇・七％という比率は低すぎるとの印象を得るが、当時佐世保市内は、要塞地帯として炭鉱の開発は制限されていた。また大野、皆瀬、中里といった石炭の産地が佐世保に合併されるのは、昭和十七年（一九四二年）になってからである。

画期としての大正九年

ところで、上で取り上げた調査記録が残る大正九年は、後の佐世保の産業発展にとって画期となる年であった。商業について見ると、この年、商業に従事する者の数は六、七三三人、率にして一五・三％と公務・自由業、工業に次ぐ高い位置をすでに占めていたが、この年は、佐世保初の百貨店「田中丸呉服店」が、現在地で新店舗を建設のうえ開店した年であった。後の「佐世保玉屋」である。田中丸商店自体の佐世保進出は明治にさかのぼるが、大正七年に旧店舗が開店した当時の組織図を見ると、佐世保支店内部に「海軍酒保用達部」が設けられており、海軍への商品納入とともに佐世保での地歩を築いてきた同商店の歩みの一端がうかがえる（『佐世保玉屋50年小史』）。

　また、大正九年は、佐世保の交通にとっても大きな進展が見られた。一つは、バス会社「西肥《さいひ》自動車」の設立である。大正七年に営業を開始した中村自動車商会の運輸営業を継承したうえでの出発であった。創設当時は保有車両六台、運転手七名で営業運転を開始した西肥自動車は、やがて佐世保を中心に長崎県北部一帯に路線網を張りめぐらすバス会社として成長していく（『60周年記念　西肥自動車の歩み『走行粁』』）。もう一つは、佐世保軽便《けいべん》鉄道（後の佐世保鉄道）相浦・柚木間の開通である。同鉄道は石炭の輸送手段として重視されたが、翌年には途中の大野（現左石）と佐世保（後の上佐世保）を結ぶ路線が開通、軽便鉄道の佐世保駅と省線の佐世保駅との間には、佐世保鉄道により四台の連絡バスが運行されるとともに通し切符も販売され、旅客のための便宜が図られた（『市史　通史編』下、三浦忍「佐世保市の都市機能と歴史的展開」）。

第8章　第二次世界大戦に向けて

（1）人口の推移

第一次世界大戦期まで

これまでもすでに人口について言及する機会はあったが、ここである程度長期的な人口の推移について確認しておこう。

明治十六年、鎮守府設置が決定する三年前の佐世保村の人口は三、七六五人であった。それが鎮守府の開庁した二十二年には六、一四九人、日清戦争が始まった二十七年には一三、九八三人、「市」に昇格した明治三十五年（一九〇二年）には五〇、九六八人を数えるまでになった（表Ⅱ-2）。その後も人口は、下落することなく増え続け、大正四年（一九一五年）には一〇万人を突破、第一次世界大戦後の大正九年（一九二〇年）には一一六、七二四人を数えるまでになった。同大戦まで一貫した人口の伸びが見られた点は、キールと共通する。鎮守府建設時に佐世保の人口増加に寄与したのは、県外も含めて周辺地区から仕事を求めてやってきた人々であった。それだけ大規模な造成・建設工事であったので、多くの労働者を佐世保は吸収したのである。

同じような人口の増加は、他のわが国の軍港都市も経験した。明治二十二年（一八八九年）から大正七年（一九一八年）までの約三〇年間の人口増加を見ると、横須賀は約三倍、呉は約七倍、佐世保は実に約一九倍（表Ⅱ-2参照）の増加を見せた。この間の全国平均は約二倍であるから、軍港都市、とりわけ佐世保での人口増加がいかに著しいものであったかが理解されよう（坂根嘉弘編『軍港都市史研究Ⅰ舞鶴編』）。鎮守府開庁後も海軍関連施設の工事は続けら

表Ⅱ-2　佐世保市の人口数

年度	人口数	年度	人口数
明治16年	3,765	大正7	114,167
20	4,238	8	115,462
21	7,168	9	116,724
22	6,149	10	115,849
23	7,340	11	117,540
24	9,932	12	118,201
25	10,825	13	115,638
26	11,932	14	115,947
27	13,983	昭和1	116,572
28	17,375	2	133,581
29	18,144	3	135,476
30	22,578	4	137,259
31	34,540	5	137,985
32	38,560	6	139,827
33	43,823	7	143,594
34	48,010	8	147,852
35	50,968	9	152,648
36	55,129	10	161,593
37	61,630	11	169,536
38	70,713	12	175,723
39	74,163	13	191,584
40	76,012	14	201,896
41	78,777	15	211,852
42	80,267	16	224,316
43	82,012	17	271,346
44	86,409	18	284,785
大正1	88,453	19	287,541
2	89,936	20	147,617
3	94,525	21	178,911
4	101,640	22	176,653
5	106,676	23	185,993
6	113,967	24	192,060

れたが、それ以上に工廠をはじめ海軍内で作業に従事する職工や海軍関係者の流入が目立つようになった。佐世保は、一〇年ごとに三つの戦争を経験するなかで、まさにハイペースで人口を増やしてきたといってよいであろう。

佐世保に移住した人々はどこからやってきたのであろうか。例えば大正九年（一九二〇年）の記録によれば、この年佐世保に居住していた県外出身者のなかでは佐賀県出身者が最大の比率を占め、他の九州諸県を大きく引き離し四三％を占めていた。佐世保には佐賀県出身者が多いということは、地元ではよく言われるが、このような記録はそれを裏付けるものであろう。人口に占める地元出身者の割合が少ないのも、軍港都市の特徴である。同じく大正九年の記録によれば、男性の場合その全国平均が六七％であるのに対して呉は三一％、佐世保は二二％、横須賀は二一％でしかなかった。女性の場合、全国平均の六五％に対して呉は四一％、佐世保は二九％、横須賀は二五％であり、男女とも全国平均を大幅に下回っていたのである（坂根嘉弘編『軍港都市史研究Ⅰ舞鶴編』）。

軍縮時代から軍拡時代へ

さて、第一次世界大戦終了後、佐世保においてはこれまでのような人口増加の傾向はいったん停止する。平和の到来は戦争景気を終了させ、経済のトレンドは下降の局面へと突入していく。軍縮に向けた気運の高まりは、当然のことながら海軍規模の縮小を通じて海軍工廠の操業規模の縮小、職工の人員整理につながった。このような変化は人口動向にも反映し、戦後佐世保の人口は停滞期を迎える。ことに大正九年から十年にかけては鎮守府建設以降初めての人口減少を記録している（一一六、七二四人から一一五、八四九人へ）。平和な時代の到来は、皮肉にも佐世保に暗い影を投げかけたのである。とはいえ、終戦がもたらした人口への影響は、キールの場合と比べれば、はるかに穏やかである。キールでは、終戦の一九一八年から一九二〇年にかけて二四三、一三九人から二〇六、八七三人へと極端な人口の落ち込みを記録したのであった。

しかし、満州事変（昭和六年）を契機とする軍拡の始動とともに、佐世保の人口は再び増加局面に突入する。キールの場合もその二年後、好戦的なヒトラーが政権を掌握した一九三三年以降、人口は明確な上昇傾向をたどっていった。大正末から昭和初期にかけて、佐世保では、毎年の人口増加数が千人を切ることもしばしばあったのに対して、満州事変後は、またもや年間数千人規模での増加が始まった。例えば昭和六〜七年にかけては三、七六七人、七〜八年にかけては四、一五八人、八〜九年にかけては四、七九六人といった増加を見せ、とりわけ日中戦争開始（昭和十二年、一九三七年）後は年間一万人以上の増加を記録したこともあった（昭和十三〜十四年、十五〜十六年、十七〜十八年。ただし周辺自治体の合併による増加は除く）。

軍港都市ゆえに、戦争の有無が人口動向にはっきりと刻印されたのである。

男女間の人口差

　ところで軍港都市では、男性労働者が単身で就業の機会を求めて工廠をはじめ海軍関連施設、軍需関連産業で仕事に従事することが多かったことは、すでにキールについて述べた際に指摘した。同様のことは佐世保についても当てはまる。それを裏付けるのは人口の男女比である。第二次世界大戦終了時に至るまで、佐世保では常に男性人口が女性人口を大きく上回っていたのである。例えば、明治三十一年の場合、男女比率（男性／女性）は一四四（男性二〇、三九四人、女性一四、一四六人）、明治三十三年は一六一（男性二七、〇一六人、女性一六、八〇七人）と極めて大きな差があった。この両年の男女比率の全国平均はともに一〇一であった。佐世保における男性比率の極端な高さがうかがえよう。その後も大正二年（男性五〇、九九六人、女性三八、九四〇人）のように、男女の人口差が一万人を超えることもあった（男女比率は一三一）。

　両大戦間期の海軍規模の縮小期には、海軍工廠が操業規模を縮小して多くの職工が職を失っていく。この間、男女間の人工差はほぼ一、〇〇〇人台にまで縮まる。しかし、再軍備とともに人口差は再度拡大していき、昭和十七年から十九年にかけて男女間の人工差は再び一万人を上回るまでとなった。昭和十七年の場合、男性人口は一四四、七八五人、女性人口は一二六、五六一人であり、男女差は一八、二二四人、男女比率は一一四である。ちなみに、その二年後の昭和十九年は二八七、五四一人と佐世保の人口が史上最多を記録した都市であり、戦後は周辺自治体の合併によってもこの数に到達することはなかった。そして終戦の年の昭和二十年、佐世保の人口はいっきに半減する（一四七、六一七人）。

自治体合併

人口の増加には、当然のことながら市域の拡大すなわち周辺自治体の合併も大きく寄与した。ここで人口面を中心に、周辺自治体の佐世保市への合併について見ておくことにしたい。

キールでは市内で人口が増大し、開発が周辺部へ拡大していくなかで周辺の中小の自治体の合併が繰り返されていた。佐世保も同じである。海軍諸施設の拡充に伴い佐世保の都市機能は増大していき、ヒト、モノの移動や諸施設の設置、役割の分担などを通じて周辺の自治体を軍港都市佐世保の影響下に置いていったのである。

最初に佐世保に吸収・合併されたのは佐世と日宇の両村である。昭和二年（一九二七年）のことであり、佐世保に鎮守府が設置されて（明治二十二年）から三八年後のことである。キールの場合、プロイセンの軍港に指定されて（一八六五年）、その四年後に早くも最初の自治体（ゲマインデ）の合併を行なったのであるから、それと比べれば、佐世保とその周辺の動きは緩慢だったということになる（ただし日宇村の一部である福石地区はすでに明治三十七年に佐世保に合併されていた）。しかし、昭和二年の二村の合併は市の面積を倍以上にし、一六、〇〇〇人ほどの人口増加を伴う当時としては大型の合併であったと言ってよいであろう。とりわけ日宇村は合併時の人口が一二、八三五人で、四四年前の明治十六年（一八八三年）の三、二六五人から約四倍の人口増を見せていた村であった（『佐世保事典』）。海軍航空隊や刑務所などがここに置かれていた。一方の佐世村は、かつて佐世保村が市に昇格した際（明治三十五年、一九〇二年）に市制施行に反対して分離独立した村であるから、二五年にして古巣に戻ったわけである。

昭和十三年には西部の相浦町が佐世保市と合併した。「佐世保市の相浦合併の理由として、港湾問題が存在した。佐世保市は商業用の良港を求めていた。佐世保市は軍港都市であったから、民間の船舶が利用しにくかったのである。このため、隣接する相浦が注目されたのである」（『市史　通史編』下）。相浦町では、すでに石炭の産地である柚木《ゆのき》村（現佐世保市）との間で軽便鉄道が開通（大正九年、一九二〇年）していた。相浦港は石炭の集荷・積出港として発展しつつあり、その機能は第二次世界大戦後の一時期まで継承された。現在も松浦鉄道（旧国鉄松浦線）の相浦駅構内には何本かの長い側線が残されており、石炭を満載した貨物列車が行き交っていた当時の繁栄を偲ぶことができる。この合併により佐世保の人口は、昭和十二年の一七五、七二二三人から十三年の一九一、五八四人へと急増した。そして、昭和十七年

（一九四二年）には、大野、早岐、皆瀬、中里の四つの町村が佐世保と合併し、市の人口は、昭和十六年の二二四、三一六人から十七年の二七一、三四六人へと一挙に四七、〇〇〇人ちかい人口の増加を見た。早岐町は、長崎に向かう鉄道路線（現大村線）と佐世保に向かう路線（佐世保線）とが分離する交通の要衝（早岐駅）であり、大野町、皆瀬村、中里村はともに石炭の産地であった。戦争の拡大と長期化は、軍港周辺のさらに広大な地域との有機的な一体化を必要としたのである。

ここで、商港機能の相浦港への移転問題について付言しておきたい。

満州事変勃発後の海軍工廠における職工数の増加（後述）は、ここでの作業量の増大、すなわち修繕、艤装、補給のために海軍工廠に入港する艦船の増加を意味した。当然、佐世保港内を行きかう艦船の数は増え、商船や漁船との間で生じるトラブルも増加していった。そこで佐世保市は、海軍の要請を受けて商港機能移転の検討に着手し、移転先を相浦港に決定したのである。すでに述べたように、佐世保市の相浦町合併（昭和十三年）の背景には商港の確保という目的があった。合併の後、相浦港では港湾施設の増築工事が進み、製氷冷凍工場や魚市場、水産倉庫、市営桟橋が、佐世保港からここへと移転した。しかし、商港機能の移転が本格化する直前に第二次世界大戦は終結してしまい、すでに移転していた施設は佐世保に再度移転、築港工事も完成を待たずに中断してしまった（『佐世保のあゆみ』）。軍港と商港の共存は、現在に至るまで佐世保が抱える問題である。

(2) 海軍施設の拡充——海軍工廠を中心に

佐世保の海軍施設

海軍の施設は、佐世保の市内とその周辺に分布していた。大掛かりな施設としては、海軍工廠のほかにも市郊外では、例えば弾薬庫(前畑)、燃料貯蔵場(赤崎など)、航空隊(崎辺)、海兵団(相浦など)、貯水池(矢岳、山田)、送信所(針尾)などが挙げられる(括弧内は所在地)。このうち貯水池は、かつて佐世保市内への給水をもまかなった市民生活と密接した施設であった。弾薬庫と燃料貯蔵場は戦後米海軍により摂取され、相浦海兵団の敷地は、現在自衛隊の相浦駐屯地に受け継がれている。また送信所は、いわゆる「針尾の大無線塔」として一〇〇メートル以上の高い塔三本が現存しており(Ⅱ-4)、軍事遺産として注目されている(竹内正浩『軍事遺産を歩く』)。一方市の中心部では、例えば、昭和八年の「佐世保市街図」を見ると、重砲大隊や要塞司令部、海軍練兵場、水交社、下士官兵集会所、共済組合病院などといった施設を見出すことができる(平岡昭利編著『地図でみる佐世保』)。

これらの施設のなかから、以下では最大の人員を擁した海軍工廠に焦点を当てることにより、佐世保における海軍施設拡充の一端について見ていくことにしたい。

海軍工廠の拡大

佐世保湾の奥深く、中心市街地の西側沿岸に米海軍佐世保基地と佐世保重工業の造船所の広大な敷地が広がる。ここは、かつて海軍佐世保鎮守府が設けられていた一帯である。そのなかで最大の組織として数多くの工員を擁し、鎮守府の中心に位置していたのが海軍工廠であった。海軍工廠とは、おもに戦争を遂行するうえで必要とされる艦船をはじめ、各種機材、兵器、弾薬などの軍需品の製造や開発に従事する海軍直属の工場として、一般には理解される。また、佐世保鎮守府開庁の明治二十二年に制定された「鎮守府条例」には、海軍工廠の前身である鎮守府造船部について、「船具及び船体機関に属する需要物品を準備供給する所」との文面がある（『市史　軍港史編』上）。海軍工廠は、補給基地でもあったのであり、とりわけ佐世保軍港は、海軍軍需

II－4　針尾の大無線塔
郷土出版社刊『図説 佐世保・平戸・松浦・北松の歴史』より

部を通じて水や燃料、さらには食糧・衣服を含めた軍需物資の補給基地としての役割を強く求められた。

佐世保海軍工廠は、明治二十二年にまず鎮守府造船部として発足し、明治三十年には海軍造船廠と改称、明治三十六年には、すでに設立されていた海軍造兵廠と統合され、海軍工廠と再度名称を変更した。この年は、日露戦争開戦の前年に当たる。緊迫する対ロシア情勢を背景として、事業の活性化と合理化、それに指揮系統の明確化などを目的とする改組を経て、海軍工廠は生まれ変わったのであった。

鎮守府の中心的存在であった海軍工廠はまた、佐世保にとっては産業面での中心的存在でもあった。戦前のキールでは、帝国海軍工廠のほかにもゲルマニア造船所、ホヴァルト造船所、さらに第一次世界大戦後に海軍工廠の施設を多く受け継いだドイチェ・ヴェルケ・キール（DWK）といった民間の大規模な造船所が存在し、海軍工廠とともにキールの主要産業である造船業を支えていた（「Ⅰ編」を参照）。これに対して佐世保の場合、民営の大造船所は戦前には存在せず、海軍工廠、すなわち海軍の管轄下に置かれた造船所が佐世保の産業界の屋台骨をなしていた。その産業界に占めるウェイトの大きさは、上述したように、佐世保市民の職業別人口構成からもうかがうことができる。

佐世保工廠の役割

佐世保海軍工廠は鎮守府造船部として出発したものの、海軍内部でのその主要な役割は、造船よりもむしろ艦船の修繕や艤装に置かれていた。例えば、三菱の長崎造船所で建造されていた豪華客船「春日」は、昭和十五年に航空母艦「大鷹」に改造されることになったが、その艤装が行なわれたのは佐世保海軍工廠である。佐世保でも艦船は建造されていたものの、ここで造られたのはおもに中小の艦船であった。海軍による各工廠への艦船建造の割り当て方針は、呉が戦艦、大型巡洋艦、潜水艦、横須賀が戦艦、航空母艦、潜水艦であった。これに対して佐世保は、中・小巡洋艦、駆逐艦、潜水艦が、舞鶴は駆逐艦、水雷艇が割り当てられた。佐世保海軍工廠は、軍需物資の補給基地であることが考慮され、艦船の割り当てが軽減されていた（『市史　軍港史編』上）。また佐世保近辺であれば長崎に大型艦船の建造可能な三菱の造船所が存在した。

とはいえ、佐世保にも巨大な船渠がやがて造られる。昭和十六年（一九四一年）に完成した第七（現第四）船渠である。長崎造船所で建造された、かの巨大戦艦「武蔵」の艤装のためにこの船渠は造られたという。むろん、「武蔵」の建造は機密事項であった。昭和十六年七月一日、長崎から曳航《えいこう》され佐世保外港に停泊中であった「武蔵」は、人目を避けるために夜九時にこの第七船渠に入渠した。ここで一か月の期間を要して舵とスクリュー、推進軸取り付けがなされたのである（吉村昭『戦艦武蔵』）。

一方、艦船係留のための大規模な施設としては、立神係船地がある。縦約三六〇メートル、横約五七〇メートルの一部外海への切り込みのある巨大な口の字型の係船地は、一万トン級の艦船が同時に九隻接岸できる岸壁として知られ、最終的に工事が完了したのは大正七年（一九一八年）のことである。大型艦船の係留を可能とするためには、水深確保のために掘り下げ工事が必要であった。そのためにポンプで水抜きが行なわれ、排水作業の完了直前には、市民に魚の捕獲が認められたという（『佐世保のあゆみ』）。現在も現役で稼動している通称「二五〇トンクレーン」は、大正二年にここに設置された（Ⅱ-5）。

Ⅱ-5　250トンクレーン　（長崎新聞社提供）

この立神係船地の南端では飛行機の製造も行なわれた。しかし、スペースが限られていたので飛行機の製造工場は、海軍航空機部として独立した後、昭和十二年に日宇地区（昭和二年に佐世保に合併）に移転して、増産体制が図られることになった。ところが、工期の短縮が裏目に出て地盤が沈下、精密機械の設置は不可能となってしまった。結局この移転計画は失敗に終わり、佐世保の航空機部は廃止（昭和十六年）、その機能は大村の航空廠に移されることになった（『市史　軍港史編』上）。

（3）平時から戦時へ

戦争に翻弄される街

佐世保は、第一次世界大戦を含めて三度の戦争を経験するなかで、軍港都市にふさわしい都市規模と賑わいを備えた中心街を持つに至った。とはいえ、都市の賑わいや景況が戦役と密接に関係していたことは、佐世保もキールと同じである。大正八年刊行の『佐世保郷土誌』から、この点をうかがわせる記述を以下に示そう。それによると、佐世保の商業の盛衰は、明治三十七、三十八年（日露戦争期）は「非常に旺盛を極め」、四十二、四十三年は「沈衰の時期」となり、四十四年に好況、大正元年、二年は「非常の不況に陥り」大正三年より好況に向い、大正五年末には、「欧州戦乱の影響により且海軍の拡張と相俟って一般に購買力増加し」、現在（大正八年頃）は、明治三十七、三十八年の戦役（日露戦争）後における「最も盛なる時期なり」と続く。第一次世界大戦は、佐世保にとっても「天佑」であった。

第一次世界大戦の終了後、わが国はつかの間とはいえ平和な時代を享受した。国際的に軍縮の機運が強まるなか、軍人がどちらかといえば肩身の狭い思いをし、知識人や大衆がとりわけ都市部でこれまでにない自由で近代的な市民生活を繰り広げていった。政治思潮や思想から「大正デモクラシー」、また近代都市を舞台としたライフスタイルの確立といった側面から「モダン都市」の時代とも呼ばれる「長い一九二〇年代」は、治安維持法の制定（一九二五年）が統制の時代の到来を垣間見せるものの、モダンガールやモダンボーイが街を闊歩《かっぽ》する風通しのよい時代であり、現在にまで至る都市生活の基盤を作り出した時代であった。この頃は、おそらく佐世保でも、シネマやカフェの普及を通じて少なからぬ市民がモダン都市時代の洗礼を受けていたものと推測される。

しかし、平和の時代、軍縮の時代の到来は、海軍工廠の操業規模の縮小による人員整理を通じて、佐世保の産業界、市況に深刻な影響を与えていた。ワシントンで軍縮条約が締結（大正十一年）されてから後、佐世保海軍工廠において職工数の削減が始まったことは、すでに指摘した。大正十二年のある記事（『東洋日の出新聞』）によれば、この年、市内花園、勝富の遊郭における娼妓の数は八八〇名であったが、不況により毎晩の客は二〇〇名あまりでしかなかったという（『佐世保年表』）。そして昭和六年（一九三一年）四月六日、佐世保海軍工廠は一、三七三名の人員整理を発表。失業者の増加は、深刻な景況の悪化を佐世保にもたらした。ところが、国運の急展開が軍港都市の景況をまたもや一転させる。同年九月の満州事変、さらに翌年一月末の上海事変の勃発は、わが国の軍事政策上の佐世保の役割を再浮上させる契機となった。海軍工廠の操業規模は再び拡大していき、多くの人々が仕事を求めて佐世保へと集まっていったのである。「佐世保市も、頓《とみ》に活気を呈し、戸数の激数に拍車を加え、弥が上にも膨張的趨勢を辿ってゐる」とは、事態が急転直下した直後（昭和九年）に刊行された『佐世保の今昔』のなかの記述である（『市史 通史編』下）。佐世保の産業界は、再び戦争景気を背景に活況を呈していく。

職工数の変遷

海軍工廠の操業規模が戦争の有無と関連したであろうことは、想像に難くない。それはまた、そこで雇われる人員の数を通じて佐世保の雇用情勢や経済動向にも影響を与えていたはずである。

佐世保海軍工廠における職工（工員）数を表Ⅱ-3に示す。ここから日露戦争の開戦前夜の時期の職工数を見てみよう。この時期、不穏な大陸情勢とロシアの脅威の高まりを背景として、佐世保工廠の職工数は、明治三十一年の二、七八三人から開戦の三十七年の五、一九八人へと倍近い増加を見せた。戦後の一時期は、ロシアから獲得した戦利艦の整備や改修のため操業規模はさらに拡大し、明治四十年の職工数は約七、〇七一人と頂点に達したものの、そ

表Ⅱ－3　佐世保海軍工廠における職工（工員）数

年度	職工数	年度	職工数
明治31年	2,783	11	12,049
32	3,268	12	10,743
33	3,675	13	10,185
34	4,143	14	7,993
35	4,155	昭和1年	7,846
36	5,052	2	7,612
37	5,198	3	7,414
38	6,139	4	7,314
39	6,887	5	7,348
40	7,071	6	7,236
41	6,653	7	5,852
42	5,977	8	8,246
43	5,972	9	8,972
44	5,958	10	12,040
大正1年	5,919	11	13,195
2	5,720	12	14,604
3	5,034	13	20,704
4	6,108	14	22,738
5	6,112	15	30,000
6	6,446	16	31,205
7	7,850	17	37,300
8	8,946	18	41,057
9	9,853	19	45,863
10	11,706	20	37,507

の後に下降、大正三年には、五、〇三四名とその時期の最低を記録する。

しかし、第一次世界大戦の勃発以降再び増加傾向を見せ、いわゆる「八・八艦隊整備」（戦艦八隻、装甲巡洋艦八隻体制の実現）が進むなかで大正十一年（一九二二年）には一二、〇四九人を記録するまでになった。とはいえ、同年のワシントン条約の締結により、その後職工の雇用者数は激減し、昭和七年には五、八五二人（総従業員数は六、二〇〇人）と半減するまでにその数を減らしている。その前年の昭和六年四月に、一、三七三人の職工が一挙に解雇されたのであった。佐世保経済のみならず市民の意識に与えた影響はさぞかし大きかったと推測される。軍縮の気運が高まったこの戦間期は、市の人口の伸びも頓挫した――減少した年もある――時期であることは、すでに述べた。

ところが、昭和六年の満州事変と翌七年の上海事変の勃発が、職工数の動向を反転させた。佐世保市の人口が再度増加を見せていくなか、海軍工廠の職工数も、戦時体制の強化とともに終戦に至るまで上昇を続けたのである。その数は昭和十年には一万人を超え（一二、〇四〇人）、日中戦争が始まった昭和十二年から十三年にかけては一四、六〇四人から二〇、七〇四人へと一挙に六、〇〇〇人以上の増加を実現した。そして、太平洋戦争の開戦となった昭和十六年には三一、二〇五人に達し、昭和十九年の四五、八六三人というピークを迎える。この年は、佐世保の人口が史上最多（二八七、五四一人）を記録した年である。第二次世界大戦の末期まで続いた人口の増加には、海軍工廠で雇用される職工数の増加がかなりの程度寄与していたものと考えてよいであろう。

佐世保市とその周辺にとっての最大の労働者の受け皿であったことにより、佐世保海軍工廠は地域経済の要であった。海軍関連施設――佐世保であれば海軍工廠、キールであれば艦船を受注した民間の造船所も含む――が地域経済の根幹をなしたということは、ナチス政権誕生（一九三三年）の後、再度人口の増加を経験し、キール港の脱軍港化の方針を撤回したキールにおいても当てはまる。軍港都市では、戦争の有無が雇用を通じて経済に大きく影響したのである。

（4）戦時下の佐世保

上海事変直後

海軍工廠の職工数が最低数となった昭和七年（一九三二年）、佐世保は上海事変（第一次）出来《しゅったい》の影響を直接受けた。市制百周年を記念して刊行された『佐世保年表』から、この後の事態の推移をたどってみよう。それによると、この有事に際して佐世保からは、上海に向けて陸戦隊や艦船が派遣された。すでに、事変勃発（一月二十八日）二日前の二十六日に佐世保から、ここで編成された「第二特別陸戦隊」一個大隊が上海に向けて派遣されたとの記載もある。二月から四月にかけては上海事変による犠牲者の合同葬が営まれ、四月六日には、重砲兵大隊が上海から凱旋した。海軍工廠では、連日残業が続き、日曜の操業が求められることもあった。防空演習もすでに始まっており、ことに五月四日からの演習は佐世保初の夜間の灯火管制を伴った演習であった。佐世保の街は早くも戦時色を強めていたのである。

連合艦隊もしばしば佐世保に入港するようになった。軍港都市であるだけに、それは「特需」につながった。例えば、昭和八年三月末から四月初頭にかけての佐世保入港に際しては、佐世保の街は大きく潤い、花柳界のみで八日間で一三万円の金が落ち、他にも「市内商店、旅館等個人営業の売上と軍需品として納入された御用商人の収入は多大」であったという（『長崎日日新聞』）。兵器や弾薬、輸送機材、軍服その他衣料品、燃料、食糧、医薬品などといった軍需品が、終戦に至るまで大量に海軍に納入されていく。翌昭和九年、市内の百貨店

II-6　海軍橋（現佐世保橋）

「玉屋」は前年を大きく上回る売上を記録したが、その理由として挙げられているのは軍需工場と鉱山の活気である。鉱山とは石炭鉱山のことであろう。石炭も、昭和十一年には「軍需工場の景気が好転して来たことにより、出炭が激増する」のである（前川雅夫編『炭鉱誌』、『佐世保年表』）。佐世保は戦争景気に沸いた。

軍需物資だけではない。多くの人材が兵士として、あるいは工員として軍に徴用され、佐世保へと集まってきた。やがては未婚女性も挺身隊《ていしんたい》として動員され、軍関連施設へと派遣されていく。こうして海軍に動員された人々のなかでもとりわけ将兵にとって、海軍鎮守府の正門へと続く通りの「海軍橋」（現「佐世保橋」）

は、いわば「戦場と故郷との架け橋」であった（Ⅱ-6）。この通称「海軍橋通り」（現「国際通り」）の両側には、海軍士官の制服を扱う洋服屋・帽子屋など、海軍に関係する店舗が軒を列《つら》ね、カステラ、羊羹《ようかん》などの土産物屋、写真館なども並び、佐世保の海軍にとっての、いわば門前町をなすようになった（『烏帽子は見ていた』）。戦後失われてしまう軍港都市の一光景である。

統制の強化

時代はいよいよ戦時色を増して日中戦争（昭和十二年開戦）、太平洋戦争（昭和十六年開戦）と戦火が拡大し、ヨーロッパを戦場とする戦い（昭和十四年：ドイツによるポーランド侵攻）と合わせ、戦闘は世界規模での広がりを見せていく。昭和十三年（四月一日）には国家総動員法が公布され、市民生活も含めて国の持てる力のすべてを戦争へと投入することが求められるようになった。わが国では、国を挙げての戦時体制の強化と国民の窮乏化は並行していた。ただし、同じく戦時体制下とはいえドイツでは事情は違った。軍国主義国ではあるものの、ドイツでは政府が生活必需品の入手に力を入れ、軍需をある程度犠牲にして国民の生活水準の維持が図られることもあった（吉田裕『日本近現代史⑥アジア・太平洋戦争』）。

再び『佐世保年表』をひもといてみよう。昭和十年（一九三五年）の欄に、この頃から佐世保港への漁船の出入りが極めて不自由となり、同港の漁港としての機能が大きく低下するとある。佐世保港は漁港でもある。臨戦態勢が強まるにつれ、軍港佐世保は海軍の意向に従い、漁港・商港としての機能を払拭していくのである。佐世保港の商港の機能は、やがて相浦港に移された（第8章（1）参照）。昭和十三年の欄には、まず西肥バス（一月）で、次いで市営バス（六月）で木炭自動車が稼動し始めたとある。すでに太平洋戦争の開始以前からガソリンの流通は統制されていた。この戦争が、石油の確保と関わる戦争であったということが思い起こされる。木炭の火おこしから灰の後始末まで、木炭車にはガソリン車にない運行上の苦労があった（『60周年記念　西肥自動車の歩み『走行粁』』）。

昭和十四年、この年佐世保警察署はお盆の行事の自粛を指示した。墓に電灯を掲げることを禁じたほか、精霊船《しょうろうぶね》の提灯も二、三個程度とされた。長崎の夏の風物詩である精霊流しさえもが規制の対象となったのである。またこの年は、米穀配給統制法が制定され、米の配給制度が開始された年である。米に引き続きそのほかの食糧や日用品もが配給の対象となるのは、佐世保も同じである。不要な資源の供出も求められるようになった。昭和十六年、長崎県は「戦争物資動員の日」を制定し、官庁や事業所、さらには一般の家庭から門扉、鉄瓶、引手、パイプなどの金属類を回収した（前川雅夫編『炭鉱誌』）。また翌年十二月には、佐世保市内の寺院が金属回収に協力し、合わせて一六個の梵鐘《はんしょう》が供出された（『長崎日報』）。

戦時下の市民生活

昭和十四年（一九三九年）、佐世保鎮守府は開庁五〇周年を迎えた。それを記念して佐世保では支那事変博覧会が開催された。四月二十四日に市公会堂で開会式が挙行された後（『大阪毎日新聞』）、翌二十五日から五月二十七日まで、市内矢岳地区にあった練兵場を主会場として博覧会は続いた。初日の入場者数は一七、五六五人、開催期間中の入場者総数は六〇万人を超え、当初の予想をはるかに上回る結果となった。一九三〇年代になると、わが国で開催された博覧会は一般に国防・軍事色の濃いものとなった。例えば、同じく軍港都市である呉では、昭和十年（一九三五年）に「国防と産業大博覧会」が開催されたほか、「国防と資源大博覧会」（兵庫・姫路、昭和十一年）、「支那事変聖戦博覧会」（兵庫・西宮球場など、昭和十三年）、「興亜国防大博覧会」（新潟・高田、昭和十六年）などの軍事や国防にちなむ博覧会があった（『別冊太陽　日本の博覧会』）。

また同じく昭和十四年には、海軍で墓地を拡張することになり、その工事のために佐世保市内の男子中学生六〇〇名が、毎日二〇〇名ずつ奉仕として労力を提供した（『長崎日日新聞』四月七日）。これも市内の中学生の場合であるが、昭和十六年になると道路の補修や田植えに際しても勤労奉仕が求められるようになり、ついには同年十二月、国民勤労報国協力令が施行され、国家規模で広く学校、職場単位で男女の幅広い年齢層に勤労奉仕が法的に強制されることになった。物資に加えて労働力の提供もが求められていったのである。

生活は不自由さの度合いを増していく。全国的に着飾った女性に対する風当たりは強くなったが、佐世保でも昭和十六年、警察署がパーマネントの禁止を市内の業者に厳しく通達した。糞尿処理も滞るようになった。人材、資材の不足は、衛生とも関わる由々《ゆゆ》しき問題をも生じさせてしまった。こうしたなか、終戦を約一年後に控えた昭和十九年八月、佐世保市内三箇所に県民酒場が開店した。数少ない息抜きの場だったのであろう、大繁盛であったという（『佐世保年表』）。

戦時下の佐世保市民は、軍港都市の住民ゆえの規制を受け、不便をも経験した。一例を挙げよう。上でも指摘したように、戦艦「武蔵」は三菱の長崎造船所で建造され、その艤装が、昭和十六年、佐世保の海軍工廠第七船渠で実施された。『佐世保市史　通史編』（下巻）によれば、「武蔵」回航中の佐世保では、市民に対する監視が厳重を極め、「武蔵」の船渠が見える場所はすべて立ち入り禁止となったほか、港沿いを走るバスはすべてカーテンが下ろされていた。バスのなかには私服の監視員が乗り込んでおり、外を見ようとしてカーテンをめくった乗客がいれば、直ちに鉄拳を下されたらしい。多くの市民は大型艦船入渠のうわさを聞けども、密告を恐れてそれを口にすることはなかったという。

海軍の合同葬も軍港都市ならではの光景であろう。太平洋戦争の開戦以降、頻繁に開催されるようになり、例えば、昭和十七年四月には一日、八日、十七日と三回も記録があるが、士気にも影響するためであろうか、昭和十九年の後半になると合同葬に関する記事が、新聞には掲載されなくなってしまったという（『佐世保年表』）。

（5）佐世保大空襲

空襲への備え

佐世保が初めて空襲を経験したのは、昭和十五年七月六日のことであった。中国・成都より飛来したB-29機一機が、市内日野地区の牽牛崎《けんぎゅうざき》砲台をはじめ数箇所に二五〇キロ爆弾を投下した。翌七日も同機八機が来襲したものの、雲が厚ったので盲爆に終わったという（『市史　通史編』下）。

すでに佐世保では、空襲を想定した訓練が早くから行なわれていたが、これらの敵機飛来に先立つ同年五月二十四日から三日間、市内では軍官民を挙げての総合訓練が実施された。空襲があることを見越して警報の伝達をはじめ、灯火管制、消火、防火、防毒、避難、退避、救護などといった各種の訓練が総合的に実施された。この間は、娯楽を慎むこととされ、映画館も休館となったという（『長崎日報』）。想定される空襲の被害を極力少なくするための工夫も事前に考慮されていた。すなわち佐世保市の警防課は、警防団――かねてよりあった消防組に代わって昭和十四年に発足――とともに、各家庭に火たたきや砂袋、むしろ、バケツを常備させ、爆風で散ることのないよう窓ガラスに紙を張らせた。焼夷弾による延焼を少なくするために天井板の取り外しが命令された。防火・消火のために井戸掘り、水槽の設置が求められたほか、避難所として家屋単位の退避壕、さらには防空壕が市内各地で作られていった。空襲のための避難場所としてキールでは、巨大なコンクリート製の建造物が構築されていったが、佐世保では起伏に富むという地形を活かして横穴式の防空壕が掘り進められた。

疎開も実施された。学童の縁故疎開を含めて人々の疎開が推奨されただけでなく、建物の疎開もが、強制的に推し進められていった。すなわち佐世保市では、建造物の疎開計画に従って昭和十九年四月以降、疎開が強行され、主要道路の片側や交差点、主要建造物の周辺にある建物などが撤去の対象となった。戦争末期までに佐世保では、一二、八四八戸の建物が疎開の対象となった（『市史　政治行政篇』）。

佐世保大空襲

さて、空襲について見ていきたい。キールでは、一九四〇年七月から終戦まで断続的に空襲があり、徐々にその被害は蓄積されていった。これに対して、佐世保の場合、終戦の年の

Ⅱ－7　空襲後の市役所周辺
（写真提供：芸文堂刊『占領軍が写した終戦直後の佐世保』より）

一回の空襲に被害が集中している。六月二十八日深夜から二十九日未明まで続いた、いわゆる佐世保大空襲である（Ⅱ-7）。当日の天候は雨。それゆえ市民の側にもいささか警戒心に緩みがあったかもしれないと『佐世保市史』は指摘する（『政治行政篇』、『通史編』下）。

昭和二十年六月二十八日、二三時五八分に「空襲警報」のサイレンが鳴らされた頃には、すでに市街地での焼夷弾の投下が始まっていたという。警戒のための「警戒警報」は発令されなかった。波状攻撃を仕掛けてくるB-29機の轟音《ごうおん》と焼夷弾の落下・炸裂音《さくれつおん》、そこに敵機を迎え撃つ佐世保要塞の高射砲の発射音が加わった。しかし、空襲を食い止めることはできなかった。夜間の、しかも雨天のもとでの空襲であれば、敵機の捕捉は探照燈を用いてでも容易ではなかった。おまけにはるか上空を飛ぶB－29まで弾丸は届かず、佐世保軍港周辺に配備されていた高射砲はそれくらいお粗末であったと、市内弓張岳にあった高射砲陣地の当時の指揮官は述べている。空襲による火災はよほど激しかったのであろう、佐世保北部の国見山（標高七七七メートル）を超えた佐賀県伊万里市からも、佐世保の上空が真っ赤に染まっている光景を見ることができたという（『声なきこえ』）。

空襲直後の二十九日早朝、佐世保南部の川棚から家族を尋ねて市内に馳せ参じたある海軍教官は、当日は汽車で佐世保駅に降り立ったという（『軍港に降る炎』）。だとすれば、鉄道（佐世保線）は無事だったことになる。佐世保駅では、空襲当日、駅に駆けつけた職員が燃料など危険物を積載した貨車を佐世保駅から手押しで移動させ、空襲から駅を護ったと、戦後駅員が回想している（『佐世保時事新聞』昭和二十三年一月十五日）。しかし市内の主要建造物の多くは空襲で失われてしまった。罹災《りさい》した主な建物は、市役所や鎮守府司令部のほか、公会堂、玉屋デパート、佐世保警察署、佐世保郵便局、税務署、裁判所、国民学校九校、中等学校七校、劇場・映画館五館などとなる。全焼家屋は一二、〇三七戸（半焼は六九戸）に達し、これは全戸数の三五％に及んだ。焼失面積は一七八万平方メートル、これは全市街地面積の三分の一に相当し、罹災者数は六〇、七三四名、全人口の二七％を占めた（建設省編『戦災復興誌』

Ⅱ－8　防空壕跡地を利用した商店が並ぶ「とんねる横丁」
郷土出版社刊『図説 佐世保・平戸・松浦・北松の歴史』より

第8巻、『市史　通史編』下）。犠牲者数は当初の記録で一、〇三〇名、近年の調査で一、二一七名に達していることが明らかにされた（『朝日新聞』二〇〇二年六月三十日）。犠牲者のなかには佐世保郵便局電話課の交換嬢など三四名が含まれる。軍港都市の生命線である電話線の接続を途絶えさせてはいけないとの使命感に支えられてのことだったのだろうか、彼女たちは最後まで自分たちの持ち場を離れなかったのである（『声なきこえ』）。

空襲の比較

キールと同様、佐世保も空襲で大きな痛手を被った。とはいえ、双方の空襲による被害の程度を比較することは難しい。例えばキールでは、約五年にわたり断続的な空襲にさらされて被害が蓄積されていったのに対して、佐世保では一回の「大空襲」に被害が集中した。キールでは石造、煉瓦の建物が多かったので、爆撃を受けてそれらは倒壊（六、一三一棟）したが、一部損傷という建物も多かった（一八、五六〇棟）。一方佐世保では、木造家屋が多く、それらは焼けてしまい（一二、〇三七戸）、半焼家屋はわずか（六九戸）であった。それゆえ、佐世保での被害者の多くは焼死であったと考えられる。

避難先の形態も違った。キールでは地域の避難先としてコンクリート製の巨大な建造物（ブンカー）が造られたのに対して、佐世保では傾斜地が多いという地形的特徴を活かして横穴式の防空壕が至る所で周辺住民により掘り進められ、空襲の際の避難先となった（Ⅱ-8参照）。しかし、空襲の経験談（『声なきこえ』、『軍港に降る炎』）からは、こうした横穴式の防空壕がいかに危険であったかがよくわかる。入り口周辺に建物が密集していると、建物の火災により防空壕内部が非常な高温となってしまい、これにより命を落とした人が多数存在したからである。

七月十二日、大空襲の被害者に対する佐世保市の合同慰霊祭が開催された。上で述べた三四名の交換嬢たちも、そこに含まれていたことはいうまでもない（『佐世保年表』）。

第9章　平和の到来――戦後の佐世保

（1）引揚の地・佐世保

「特異動向」

敗戦のような、近代日本がこれまで経験したことのない一大事に直面すれば、人々の思考力が一時的に萎《な》えてしまったとしてもおかしくない。そのような際には、流言蜚語を鵜《う》呑《の》みにしてしまい、集団心理に踊らされて図らずも多くの人と行動をともにしてしまったということは、よくあることであろう。終戦直後の佐世保で見られたそのような事例を『佐世保市史　通史編』（下巻）から一つ挙げておこう。

終戦後間もない昭和二十年八月「十七日夜ヨリ十八日朝ニ掛ケ、長崎市、佐世保市民中老幼婦女（相当数ノ適令男子モ同伴）、進駐軍近日中上陸ヲ聞伝へ避難ノ為」、長崎駅や佐世保駅に殺到し、大混雑となった。このような「特異動向」があったというのである。このうち佐世保に関しては、警察の「事務報告書」（佐世保・早岐警察署）に次のように記録されているという。

それによると、八月十六、十七日頃に佐世保の海軍の下士官から福岡・唐津方面から上陸した敵軍が近く佐世保にも進駐するとの流言があり、鉄道側からは女子職員は非難させよとの指令があった。「八月十六日未明、佐世保より佐賀方面へ避難するもの続出し、之に刺激せられ、早岐・折尾瀬村民も、波佐見・武雄方面或は山林内に避難する者多く、阻止し得ざる状況なりしが、数日後敵軍の上陸云々は流言なる事実判明し、徐々に帰宅し平常に服した」。

なぜこのような流言が受け入れられてしまったのか。その背景には、進駐軍により「婦女子は必ず犯される」とのうわさが蔓延《まんえん》し、それが安易に人々に受け入れられてしまったという事情があったという。実際にこのような趣旨の発言をした軍の要人もいたらしい。やがて佐世保には、アメリカ兵との交際を目的として多くの女性がやってくる。戦後の佐世保風俗のある一面は、彼女たちにより特徴づけられていく。

占領軍の上陸

占領軍の佐世保上陸が開始されたのは、九月二十二日午前八時五九分、グリーン・ビーチと称された佐世保海軍航空隊基地においてであった（『市史　通史編』下）。ただし、佐世保近海の掃海のため、先遣隊の活動はすでに始まっていた。占領軍の兵士たちは、トラクターやブルドーザーを使って空襲の際の瓦礫を瞬《またた》く間にかき集め、跡地を整備した。『敗北を抱きしめて』で知られるジョン・ダワーは、日本とドイツにおける占領の違いとして、わが国の占領がアメリカにより単独で、しかも当初はマッカーサーのような救世主的情熱を帯びた人物によって行なわれたことを指摘する。これに対してドイツは米英仏ソの四箇国で分割統治がなされ、占領する側に日本で見られたような情熱は見当たらなかったというのである（『増補版　敗北を抱きしめて』上）。

まずは佐世保での上陸作戦は、平和裡に進められた。やがて占領軍の兵士たちは徐々に羽目をはずしていくものの、さしあたり人々が恐れていたような混乱を招くような出来事は生じなかったようである。

引揚体制

佐世保の戦後を見ていくうえで、キールと同様、ここが同胞の引揚の地となったということは見逃すことができない。佐世保は、終戦時に海外に在住した一般邦人ならびに軍人（復員兵）の受入の窓口の一つとなった。一般に引揚の街としては、これも軍港都市である舞鶴がよく知られる。流行歌にも映画にもなった「岸壁の母」（端野いせ）がシベリアからの復員兵を乗せた引揚船が到着するたびに通いつめたのが、舞鶴であった。佐世保も、博多とともに九州の主要な引揚港であった。

引揚の舞台となったのは、佐世保港から離れた市南部、針尾島の浦頭《うらがしら》である（Ⅱ-9）。ここが選ばれた理由は、海軍病院の分院があり、これを検疫所として、また旧海兵団（昭和二十年に海軍兵学校針尾分校となる）の施設を収容施設としてそれぞれ利用できたことが挙げられる（『市史　軍港史編』下）。最初の復員兵が浦頭に到着したのは昭和二十年十月十四日であり、九、九九七人が朝鮮（仁川・済州）から一〇隻の米軍LST（揚陸艦）で帰還した。次いで十月十八日には南大東島・沖ノ大東島方面から海防艦第一九八号が三三二名を運んできた（『佐世保引揚援護局史』下）。

引揚を担当する公的機関も急遽設置され、人々を受け入れる体制が急ピッチで整備されていった。十月十八日には引揚を管轄する中央官庁を厚生省とすることが決定され、十一月二十二日には社会局引揚援護課が設けられた（坂根嘉弘編『軍港都市史研究Ⅰ舞鶴編』）。その二日後の二十四日に佐世保をはじめ舞鶴、呉、横須賀

Ⅱ-9　引揚第一歩の地の碑（佐世保市浦頭）
郷土出版社刊『図説 佐世保・平戸・松浦・北松の歴史』より

（浦賀）の旧軍港四都市、下関、博多、鹿児島の計七都市に引揚援護局が開設され、横浜、仙崎、門司には出張所が設けられた（厚生省社会・援護局援護50年史編集委員会監修『援護50年』）。その他にも佐世保には、長崎県が十月二十日に県の引揚民事務所を設置したほか、陸海両軍も復員の窓口を設けた。ただし十二月一日に両軍は廃止となり――佐世保鎮守府も廃止――、陸軍が第一復員省、海軍が第二復員省にそれぞれ引き継がれて地方復員局を設け、陸海両軍の復員兵を扱うことになった（後に厚生省に復員局として吸収）。佐世保引揚援護局が担当したのは一般邦人の引揚である。

移動した人々の数

佐世保における引揚は、昭和二十五年（一九五〇年）四月十九日まで続いた。釜山から二三名を乗せた「新興丸」が最後の入港であった。昭和二十五年になると、一隻当たりの引揚者数はたいてい一桁台であった。このときまでに浦頭に上陸した人の数は、一三九万一、六四六人に達し（『佐世保引揚援護局史』下）、そのうち民間の引揚者は七五八、八七九人と半数を超えていた。一三九万という数は、引揚の街として知られる舞鶴に上陸した人の数（約六六万人）の二倍以上である。引揚港のなかでも特に多くの帰還者を受け入れたのが、博多と佐世保（浦頭）であった。特に引揚者の数が多かったのは、昭和二十一年一月から十月にかけてであり、毎月の上陸者の数は七万人から一〇万人に達し、担当する職員の数も一、〇〇〇人を超えていたという。出発地別に見ると、佐世保に向けた引揚者のなかで最も多かったのは満州からの帰還者で、五二万人近くに達し、華北からが約四三万人、華中からが約二二万人、朝鮮からが約一二万人と続く。方角的には逆の千島（約一、二〇〇人）や樺太（約五〇〇人）からの帰還者もあった（『佐世保の歴史』、『市史　通史編』下）。

佐世保引揚援護局が廃止されたのは昭和二十五年五月一日である。これ以降、わが国では舞鶴が唯一の引揚港となり、昭和三十三年（一九五八年）十一月十五日まで舞鶴引揚援護局は存続した。それゆえ、舞鶴が引揚の街として知られるようになった。

引揚港の役割は、日本への帰還者を受け入れることにとどまらない。佐世保（浦頭）はまた、わが国への入植を強いられた朝鮮人や中国人が帰国する際の出発港でもあった。佐世保周辺では、例えば炭鉱に多くの中国人、朝鮮人が労働者として投入されていた。昭和二十年十一月から二十五年五月まで、佐世保からは一九三、九八一人が送還された。目的地ごとの内訳は、朝鮮半島が六五、〇六九人、南西諸島が五五、三八九人、中国が一九、二〇四人、台湾が二、〇〇六人などであった。戦後はまた、働き口を求めてわが国に密航する朝鮮人が続出したという。これら密航者の送還を担当したのも、佐世保引揚援護局であった（『市史　軍港史編』下）。

引揚の手続き

佐世保に上陸した人々は、どのような手続きを経て帰路についたのであろうか。引揚者は、まず浦頭入港に際して本船から艀《はしけ》に乗り換える必要があった。上陸の後、まず彼らを待っていたのは徹底的な検疫である。問診を経てから着衣のままで薬剤（ＤＤＴ）の散布を受けたのは、何としても伝染病を水際で食い止める必要があったからである。検疫が終わると、次は収容施設まで移動する。現在、ハウステンボスに関連する施設が広がっている一帯である。七キロの起伏のある道を歩く必要があったので、帰国までに体力を使い果たした帰還者にとっては、かなり酷な試練となったことだろう。老人や子供、夫人のためにトラックによる輸送も実施されたが、車両、燃料ともに不足していたため、輸送力も十分確保することはできなかった。収容施設までの途中、地元婦人会の人々が茶の接待にあたり、引揚者を励ます光景も見られたという。海上での輸送が実施されるようになったのは、昭和二十一年七月であった。

引揚者の収容施設での滞在期間は、ＧＨＱの指示で二日以内に定められていた。しかし、手続きや聞き取り調査、家族・親戚の安否確認と帰還の連絡などのため、滞在期間がそれ以上となることが多かったという。とはいえ、この針尾地区の宿舎は一時的な収容施設であり、キールのように同胞とはいえ行き先のない「難民」を多く抱えることはなかった。それゆえ、雇用や衛生など、長期滞在者の生活水準をめぐるさまざまな問題に直面することはまれであったと思われる。佐世保においても、命がけの脱出を経て帰還したため、持参金、携行荷物とともに皆無という者も少なからず見られたが、このような困窮者に対しては「引揚証明書」とともに不十分とはいえ応急援助金、帰郷雑費が支給された。復員兵であれば、部隊の責任者を中心に戦歴や降伏時の状況など、詳しい調査報告書を提出することが求められた。手続きの終了とともに復員証明書や給与通報などが発行され、帰郷のための旅費が支給された。また、佐世保市内の滞在者には、大黒町に引揚者住宅が用意された（『市史　軍港史編』下）。

無言の引揚

引揚港には遺骨や遺留品も送られてきた。援護局では、それらを「府県別の安置棚に奉安し、棚が一杯になると白布に包み」、各府県に護送した。帰還船が入港した後に命を落とす復員者も続出した。収容施設には病院（病舎）があったとはいえ、栄養失調や伝染病などにより病舎で亡くなった人の数は、合計で三、七九三人に達した。

昭和二十四年一月九日、米軍の輸送船「ボゴタ丸」が収容施設の埠頭《ふとう》に接岸した。ボゴタ丸――船体には「ぼごた丸」とひらがな表記されていたことが写真から確認できる――は、もとドイツの商船である。ドイツ降伏後ジャワで拿捕《だほ》され、戦後は引揚船として活躍した後にドイツへ返還された（『佐世保引揚援護局史』下、『市史　軍港史編』下）。「ボゴタ丸」で輸送されたのは、四、五一五体の遺体と三〇七柱の遺骨、それに遺留品であった。マニラ近郊に埋葬されていた邦人のものであるという。米軍より引渡しを受けた遺体は一か月（一月十三日〜二月十三日）をかけて収容施設南西の海岸で荼毘《だび》に付された。身元不明者の遺骨もかなり残されたが、現在これらの人々は、引揚に際して落命した他の二、〇〇〇余名とともに、この地の釜墓地で供養されている。ここに眠る人々への永代供養とこの地の歴史の継承とに大きく貢献した二人の人物を、ここに記しておきたい。当時、火葬の責任者であった平井富尾氏と僧侶の田尻文亮師である（『烏帽子は見ていた』）。

浦頭から各地へ

引揚者が日本各地への帰還の際に利用した交通手段は鉄道であった。中心的な役割を果たした駅は、佐世保駅ではなく引揚援護局の収容施設から近い南風崎《はえのさき》駅である。現在の南風崎駅は乗降客の少ないまさしく田舎の無人駅であるが、同駅の規模は当時もあまり変わらなかった。駅員はいたとはいえ駅舎は小さく、ホームは屋根がなく舗装もされていなかったという。

しかし、わずか五年とはいえ佐世保（浦頭）が引揚港であった際、この小駅に帰還者は殺到した。この間の南風崎駅からの輸送人数は、合計一三一万七、〇〇〇人に及び、多いときには一日の輸送人数は五、〇〇〇人に達していたという（山口日都志「戦中・戦後の鉄道（六）」）。運行された列車本数に関しては、例えば、昭和二十一年前半（一月〜六月）に四五四本の臨時列車が運行されたとの記録がある。定期列車を見ると、ダイヤの改変により本数や行き先が変更になったものの、例えば一時期長距離列車として、南風崎発品川行き、大阪行きが一日に各一本、門司行きが二本運行されていたことがあった（『市史　軍港史編』下）。

引揚の舞台となった地は佐世保の中心街から離れているとはいえ、佐世保と戦争との関わりは、この五年にわたる引揚活動を通じてより密なものになったといえるだろう。

（2）復興に向けた動き

復興への青写真

占領軍の進駐に先駆けて、佐世保では復興の青写真を作成すべく市長の諮問機関として、市民の代表三〇名からなる「復興委員会」が立ち上げられた。委員長となったのは、当時、親和銀行の頭取を務めていた北村徳太郎。後に代議士を七期務め、運輸大臣と大蔵大臣を経験する戦後の佐世保を代表する要人の一人である（後に佐世保市名誉市民）。委員のなかには、後に市長となり戦後の佐世保を牽引する中田正輔がいた。

軍港都市にとって敗戦は、これまでの繁栄基盤の喪失を意味するに等しい。海軍に依存することのない新たな都市の建設に向けて、復興委員会は各委員から復興計画案を募り、検討のためのたたき台を作成した。主眼が置かれたのは、やはり旧軍港施設をいかに活用するかという問題であった。軍港を商港として活用する、海軍工廠を艦船修理工場として転身させる、それが不可能なら民間造船所として、また漁港としても利用する、などの提案がなされた。商港としては、佐世保近辺の炭鉱（北松炭田）の石炭集散地、また漁港としては「五島の魚庫」を控えた「漁業者の足だまり」となることが期待されたのである。その他にも、各種産業の育成や交通網の整備、都市計画に基づいた街づくり、文化厚生施設の完備が提案されたが、注目されるのは文化面への目配りである。「映画演劇場」や運動場の開設だけでなく、これまで佐世保になかった高等教育機関（長崎医大、各種専門学校）の誘致、さらには「大書店の開店援助」までが盛り込まれているのである（『市史　政治行政篇』）。キールよりはるかに遅れて、戦後、佐世保はようやく大学のある都市となった。しかし、大都市と比べて遜色のない大型書店はまだない。これまでの都市のあり方に対する反省の意味もあったのであろうが、終戦直後の佐世保は、文化に力点を置いた復興を目指したのである。

生活基盤の確立

とはいえ、まずは人々の生活基盤の確立が何よりも重視された。特に空襲で焼け出された人々は、ありあわせの木材やトタンなどを用いてバラックを建てるなり、横穴式の防空壕を利用するなどして生活の場を確保した。焼け残った家屋でも、数世帯の家族が同居することもあった（『佐世保の歴史』）。バラック建てのマーケットは、佐世保市内で一五箇所出現し、店舗の数は約一、二〇〇軒に達した。そのうち約九〇％は、引揚者、罹災者が営む店であったという（『時事新聞』一九四八年五月四日）。食糧不足も、大都市と同様佐世保でも深刻であった。一例を挙げよう。『佐世保市史　政治行政篇』に、実施年月日は不明であるが、戦後県立佐世保第二中学校で実施された昼食弁当の持参状況に関する調査結果が掲載されている。それによると四八八名の生徒のうち、昼食持参の可能な者は、全生徒のわずか一九％（九三人）にすぎず、家族の犠牲において何とか持参可能な者五〇・二％（二四五人）、家族を犠牲にしても毎日の持参は不可能な者二八・一％（一三七人）、昼食の携帯がほとんど不可能な者二・七％（一三人）との内訳となり、この結果を受けて学校では午後の授業をしばらく中止にするという措置をとったという。

就業機会の確保も切実な問題であった。これまでのような海軍に依拠した繁栄が望めないのであれば、新たな産業基盤を作り出すしかない。市の財政も、海軍からの助成金が見込めなくなるなど、逼迫《ひっぱく》の度合いを高めていた。そのためにも軍港の商港化、潜在的な発展の可能性のある漁業と石炭産業の発展、自然条件を活かした観光業の振興が求められたのである。しかし、戦後の混乱が継続するなか、雇用情勢はなかなか安定せず、就職難は続いたと見られる。終戦から二年以上が経過した後でも、地元の新聞（『時事新聞』）からは、「増える求職・沈滞の求人」（昭和二十三年二月二十七日）、「せまくなる就職の門」（昭和二十三年三月十八日）などの見出しを拾うことができる。後者の記事（三月十八日）では、購買力の減退と増税で小資本商人は自然淘汰されつつあるとの指摘があり、経済の拡大に向けた循環がまだ生じていない当時の状況が見て取れる。旧鎮守府・工廠における隠匿物資が摘発されて有力者の召喚・取調べが相次ぎ、市民が黒いうわさに翻弄されてしまった状況も、復興に向けた動きに水を差すことになった（佐鎮事件）。

海軍施設の摂取と活用

さて、佐世保に進駐したアメリカ占領軍は、佐世保鎮守府をはじめ海兵団、工廠、軍需部、工務部およびその付属施設、相浦海兵団、佐世保航空隊、そして佐世保軍港といった海軍の主要施設を摂取して、それらの利用を開始した。工作物、建物、工作機械などの国有財産は、いったん米軍に摂取された後、不要なものが内務省を経て大蔵省に返還された。ただし軍港のおもな施設、すなわち船渠や岸壁、倉庫は別とされ（志岐叡彦『（序説）佐世保軍港史』）、アメリカ海軍佐世保基地成立後にその施設となり、現在に至るまで摂取された状態が続く。キールでは、造船・軍港地帯はイギリス軍により徹底的な破壊（デモンタージュ）が行なわれたが、佐世保ではそのようなことはなかった。しかし佐世保では、アメリカ軍による軍港・工廠跡地の主要施設の占拠・基地化が、戦後のこの都市の性格を決定づけるほどの影響を与えることになる。

米軍の管理下に置かれた海軍工廠は、海軍と時を同じくして廃止され、昭和二十年十二月一日の第二復員省の発足とともに同省佐世保地方復員局官業部となり、民営化が図られることになった。職工（工員）の数は、同年十一月初旬の時点で約八、〇〇〇人いたが、帰郷者が続出して同月末には約一、六〇〇人にまで減っていた（『佐世保重工業60年史』）。

米軍によるわが国の占領形態は、やがて臨戦態勢から管理態勢へと移行する。こうした変化も影響したのであろう、程なく米軍は、わが国による旧海軍工廠の使用を、すべてではないとはいえ、みとめる方向に動き出す。米軍がその使用を許可したとの通達が佐世保地方復員局長官に届いたのは、翌昭和二十一年二月十二日のことであった。その四日後の十六日、施設の操業再開に関する正式な通告が、連合国軍最高司令官代理フィッチ准将から日本国政府に宛てて発令された。この時を迎えるまでには、佐世保地方復員局官業部長（旧海軍工廠長に相当）北川政《まさ》の東京でのＧＨＱとの折衝をはじめとする尽力や、旧海軍工廠の労働組合である「佐世保労愛会」（戦後改めて復活）による旧工廠の民営化に向けた運動などの積み重ねがあった。また米国側でも、極東で艦隊を維持するために佐世保に艦船の修繕工場を保持することが得策であるとの判断が働いたのかもしれない。ともあれ、「終戦の日から数えて六ヶ月で、当時不可能といわれていた旧工廠の再開指令にこぎつけた」のである（『佐世保重工業60年史』、『市史　通史編』下）。三月二十四日、第二復員省大臣名で佐世保地方復員局に宛てて以下の電文があり、北川官業部長に通告された。「昭和二十一年三月末迄ニ元佐世保海軍工廠ノ運営ヲ佐世保船舶工業株式会社ニ委譲スベシ」（『市史　軍港史編』下）。こうして、「佐世保重工業」（ＳＳＫ：昭和三十六年まで「佐世保船舶工業」）が誕生する。

（3）平和産業港湾都市建設への模索

中田市長の就任

昭和二十一年八月二十一日、中田正輔が佐世保市長に就任した（Ⅱ-10）。中田は第一〇・一一代の小浦総平市長の後任として昭和三十年（一九五五年）まで市長の職を務めた。中田の市長在任期間は、現在にまで至る戦後の佐世保発展の土台が形成された時期に相当する。極めて重要な時期に、中田は市政を担ったのである。中田は、また戦後初めて公選（昭和二十二年四月）で選ばれた市長でもあった（無投票選挙ではあったが）。

市長として中田がまず心掛けたことは、佐世保港の商港への転換である。佐世保港は天然の良港であるとはいえ、これまでは他ならぬ軍港であり、商港としては十分な機能を発揮してこなかった。昭和二十三年一月、佐世保は国から貿易港の指定を受けた。また同年十月には貯油港の、さらに昭和二十五年四月には食糧輸入港の指定を受け、佐世保港に入港する貨物船も少しずつ見られるようになった。商港への転換に向けて、まずは順調な滑り出しを見せたと述べてよいであろう。

Ⅱ-10　住民投票を呼び掛ける中田市長

昭和二十四年五月二十四日、佐世保は九州巡幸中の昭和天皇の訪問を受けた。平戸方面から鉄路佐世保駅に到着した天皇は、市内の大阪鋼管工場の視察、引揚者住宅の慰問の後、市の奉迎会場で市民三万人の歓迎を受けた。この後天皇は、ＳＳＫ（佐世保船舶工業）の造船所へと向かい、造船所の所長室では、中田市長が市の沿革や将来方針について奏上を行なった。次いで、敷地内を自動車で視察し、第三船渠で造船所長の説明を受けられた際には、天皇自ら、よく平和産業に転換されましたねとの言葉を発せられたという。翌日は、高島真珠の養殖場を視察の後、川棚、雲仙方面に向かった（『市史　総説篇』、『市史　政治行政篇』、『佐世保重工業60年史』）。

天皇を佐世保に迎え入れたことにより、中田市長は復興に向けた決意を新たにしたのではないか。この後中田は、自らが描く平和産業港湾都市の現実化のために、「旧軍港市転換法」の制定と「西海国立公園」の指定に向けて精力的に取り組んでいくのである。

「旧軍港市転換法」の制定

昭和二十五年一月十三日、佐世保市議会で中田市長は「平和宣言」を朗読し、その内容は満場一致で承認された。佐世保市は、自らが平和都市であることを広く内外に向けて宣言したのである。その文面には以下のような一節がある。「佐世保市は茲《ここ》に百八十度の転換を以つてせめて残された旧軍財産を人類の永遠の幸福のために活用し速かに平和産業都市、国際貿易都市として更生せんことを誓うのみである」。ここで述べられているように、佐世保市は平和都市実現のための具体的な方策として、市内にある旧軍関係の国有財産を国家から譲り受け、それを平和産業港湾都市の建設に活用することを思い描いていた（『市史　政治行政篇』）。それを実現するための法律として、その制定に向けて中田をはじめとする旧軍港都市の首長たちが尽力したのが「旧軍港市転換法」である。

中田は、旧軍港関係の国有財産の払い下げを横須賀市長に提案した際のいきさつを、以下のように回想する。「（前略）私はどうしても四軍港が相提携して、共同して政府に当らなければ佐世保だけではいかぬと思つたから、私が横須賀市長に手紙を出していままで四軍港は提携して終戦まで海軍の助成金をもらつた。今後もまた自分が本省に折衝してみたけども佐世保だけでは力が足らないから四軍港協力してやろうじやないか。あなたが私の趣旨に御賛成なら四軍港を横須賀に召集してくれといつて手紙を出したところが早速、非常によいことだ。ぜひ一つやろう。召集するが、いつ来てくれるかという返事が来て、四軍港が初めて横須賀に集まつた」（中田正輔『銀杏残り記』）。

四軍港とは、いうまでもなく佐世保、横須賀、呉、舞鶴を指す。これら軍港都市は、「旧軍港更生協議会」を結成し、協議を重ねたうえで、昭和二十四年四月に旧軍港地国有財産の払い下げに関する請願を衆参両院に提出した。同年十二月には、両院議員からなる「旧軍港市転換促進委員会」が結成され、法律制定に向けた準備が、GHQの承認を求める手続きと並行して進められた。翌昭和二十五年四月に、まず参議院で六日、次いで衆議院で十一日に旧軍港市転換法は原案通り可決された（『市史　政治行政篇』）。

しかし、この法律は、特定の地方公共団体のみに適用される特別法なので、適用を受ける地方公共団体の住民投票を必要とする。そこで佐世保市は、住民投票対策委員会を立ち上げるなどして、投票率を少しでもアップさせるために全市を挙げて市民に向けた啓蒙・宣伝に取り組んだ。投票を呼びかける標語を広く市民から募集しただけでなく、「住民投票棄権防止の歌」の作詞・作曲さえ行なわれたという。中田市長自らが、トラックの荷台から市民に向けて投票を呼びかけるといった光景も見られた（中田正輔『銀杏残り記』）。その成果の現れであろうか、同年六月四日に他の軍港都市と同時に行なわれた住民投票で、佐世保は投票率八九・四三％を記録し、四軍港都市のなかでは最高であった。転換法への賛成票は九七・三％、これも佐世保が首位であった。他の軍港都市の賛成票は、呉が九二・四％、横須賀が八七・二％、舞鶴が八一・二％であった（『旧軍港市転換法施行50年のあゆみ』）。この住民投票の結果に基づき、旧軍港市転換法は、昭和二十五年八月二十日に公布されることになった。

西海国立公園の指定

佐世保の周辺海域を含む西海一帯が国立公園に指定されたことも、平和産業の一つとして観光に力を入れたい佐世保にとっては、戦後復興期の大きな成果であった。すでに佐世保は、第一次世界大戦後の軍縮の気運が高まった不況期に、美しい海岸が広がる九十九島の観光に力を入れたことがあった。しかし、戦時色の強化とともに軍港周辺海域の観光は、機密保持のために不可能となってしまった。

中田正輔の自伝によれば、彼が西海の国立公園指定に向けた運動に取り組むようになったのは、旧軍港市転換法の制定に力を入れていた昭和二十四年の春からであった（中田正輔『佐世保政治生活四十年』）。長年佐世保の観光開発を夢見てきた中田ではあったが、市長に就任してからの彼は、まずは学校の再建に力を入れたという。とはいえ、すでに昭和二十三年元旦の地元紙において、中田は佐世保の観光都市化に対する熱い思いを語っている（『佐世保時事新聞』）。戦後まもなくして、長崎県県北地区や五島列島の自治体から西海の国立公園指定に向けた陳情や請願がなされるようになった。これに中田を首長に頂く佐世保が加わることにより、動きは加速した。昭和二十五年三月には「西海国立公園指定期成会」が結成され、会長には中田が就任した。

中田の精力的な活動が開始された。彼の活躍ぶりを『佐世保市史　通史編』（下巻）から引用する。「中田市長は多忙な市政の中で上京をくり返し、厚生省への陳情をねばり強く進めた。またあらゆる人脈をたどって国立公園指定の鍵をにぎる政治家、学者、研究者、役人を尋ね、佐世保、平戸、五島のすばらしさを説明し現地調査を依頼した」。彼が幼い頃からなじんできた景観が保護されて多くの国民に愛され、しかもそれが佐世保の繁栄につながるのであれば、国立公園の指定に向けた運動は、中田にとってまさに、「これこそ男一生の大仕事」（中田正輔『佐世保政治生活四十年』）だったのである。

一時は国立公園の指定が危ぶまれたこともあった。理由は、指定地区のなかに炭鉱地帯が含まれていることにあった。九十九島地区では海底を縫って竪坑を開けることになるので国立公園化には同意しがたい、というのが当時の通産省の見解であったが、なんとか福岡通産局の同意を得ることができたという。また、西海国立公園の実現を公約として掲げた西岡竹次郎（西岡武夫の父）が長崎県知事に当選したことも、大きなはずみになったことであろう。昭和二十八年（一九五三年）六月一日には、文藝春秋社の講演会のために来保した丹羽文雄、井上靖、源氏鶏太、河盛好蔵の各氏が九十九島を周遊し、その美観を愛でたという（中本昭夫『佐世保港の戦後史』）。かくして翌年八月二十四日の国立公園審議会で、西海海域は満場一致で国立公園に指定されることが決定した。この報告を上京中に受け取った中田は、「この日こそ私の六十余年の人生のうちで最も記念すべき〝喜びの日〟」であったと、後に回想する（中田正輔『佐世保政治生活四十年』）。昭和三十年三月十六日、西海国立公園の指定が政府により公式に発表された。

このようにして、佐世保は平和産業港湾都市の実現に向けて、観光面からも大きな一歩を踏み出すことができた。しかし、歴史は皮肉である。「旧軍港市を平和産業港湾都市に転換することにより、平和日本実現の理想達成に寄与することを目的とする」。このように第一条で理想を謳《うた》った旧軍港市転換法の施行が決定してわずか三週間後、佐世保はすでに、これまでの平和都市建設に向けた努力に水を差すような出来事に直面していたのだった。ここで時間を五年ほど前に戻し、改めて昭和二十五年の状況を見てみることにしよう。

第10章　基地の街・佐世保

（1）軍港都市の復活

朝鮮戦争の開戦

昭和二十五年（一九五〇年）六月二十五日未明、北朝鮮人民軍が北緯三八度線を越えて韓国への侵攻を突如開始した。「朝鮮戦争」の開戦である。開戦当初、韓国軍は警戒態勢を解除した状態にあり、三八度線の護りは手薄な状態にあった。しかも、北朝鮮軍には二五八両もの戦車があったのに対して、韓国軍には戦車の配備がなかった。奇襲攻撃を仕掛けた北朝鮮軍は、その後も快進撃を続け、一時は韓国軍、それに国連安全保障理事会で国連軍──最高司令官はマッカーサー──としてのお墨付きを得たアメリカ軍を釜山近くにまで追いやっていく。佐世保では、六月二十九日に空襲警報が発令された（和田春樹『朝鮮戦争全史』、『市史　通史編』下、『市史　軍港史編』下）。

ソ連軍の直接的な参戦はなかったとはいえ、朝鮮戦争は世界を東西両陣営へと分断しつつあった戦後の冷戦の産物である。すでに冷戦は、わが国には米軍の占領政策の転換というかたちでその影響が及んでいたが、朝鮮半島では、ここを戦場として直接的な戦闘状況さえもが生み出された。西側陣営の盟主としてアメリカは、アジア・太平洋地域の安全保障に積極的に介入する姿勢を見せていくのである。

朝鮮戦争と佐世保

さて、朝鮮半島に派遣される国連軍の中心を成したのは、韓国の隣国であるわが国に駐留していたアメリカ軍である。開戦時、在日米軍の基地機能は横須賀基地に集中していた。しかし、戦争遂行のための策源地《さくげんち》として位置づけられたのは、他ならぬ佐世保であった。すでに佐世保では、昭和二十一年（一九四六年）二月二十三日に占領軍により「佐世保米海軍艦隊基地」が発足していた。開戦当初、士官七名、下士官九六名であった佐世保基地の人員は、その七か月後には六〇名以上の士官と約一、〇〇〇名の下士官を擁するまでになった。また、初めここには弾薬が貯蔵されていなかったが、八月中旬には五、三〇〇トン以上の弾薬を扱うまでになった（『市史　通史編』下）。朝鮮半島により近い佐世保の基地機能が急速に強化されたのである。昭和二十六年（一九五一年）九月八日には、サンフランシスコ講和条約とともに日米安保条約が調印され、わが国独立後のアメリカ軍の駐留が決まった。

佐世保が住民投票を通じて市を挙げて旧軍港市転換法の実現に賛意を示し、平和産業港湾都市構築のための大きな一歩を踏み出したのは、朝鮮戦争開戦のわずか三週間前であった。『佐世保港の戦後史』を著した中本昭夫氏は、同書のなかで昭和二十五年六月二十五日を「佐世保港の運命を転じた日」と位置づける。中田市長は商港としての発展に全力を注いできたとはいえ、世界情勢の変転と占領国側の強大な権威の前に、なすすべもなかった。佐世保では、キールよりも早く、さらにわが国の再軍備に先駆けて軍港が復活した。終戦後五年にして佐世保市は、早くも今後の都市発展に向けた方針の転換を余儀なくされてしまったのである。

戦争の影響

軍港の復活は佐世保をどう変えたであろうか。佐世保港では、旧海軍工廠の第一〜第四船渠や立神係船地が米軍専用の施設となり、他の利用が認められなくなった。係船地に接した倉庫も米軍に摂取された（『佐世保年表』）。これによりＳＳＫ（佐世保船舶工業）は、操業に大きな制約を課せられることになった。港内には艦船が輻輳《ふくそう》するようになり、とりわけ仁川上陸作戦開始後には、佐世保港を出入りする艦船の数は一日七〇隻に達するようになり、在港船舶の数も、大小合わせて一〇〇隻あまりに及んだという。さらに佐世保からは、渇水期《かっすいき》を迎えた韓国に向けて飲料水までもが輸送された（中本昭夫『佐世保港の戦後史』）。米海軍はまた、敵潜水艦の侵入を防ぐべく、佐世保港の入り口に防潜網を設置した。かくして商港ならびに漁港としての発展の余地が、佐世保港では戦後再び狭められていったのである。

戦争の影響は鉄道にも現れた。わが国の各地から軍需物資が鉄道を利用して送られてきたからである。開戦直後の六月二十八日には、（おそらく臨時列車として）六本の列車が佐世保に入線したという。また、七月二十三日からは、鉄道による軍需物資の輸送力強化を目的として、横浜と佐世保を三〇時間で結ぶ直通列車が運行されることになり、佐世保経由で横浜・釜山間が鉄道と海上輸送で、平均六五時間で結ばれるようになった。

占領下の日本では、周知のように米軍関係の列車はわが国の在来線のダイヤに優先して運行されることが決められていた。しかし、佐世保駅はもともと側線の数も十分ではなく、佐世保線自体が単線である。それゆえ、線路容量が十分ではない佐世保とその周辺では、一般の旅客列車の運転中止や一部削減が連日見られ、市民の足が奪われることになった（『市史軍港史編』下）。

戦争特需

一方で朝鮮戦争は佐世保に特需をもたらした。この戦争がわが国の経済に与えた好影響はこれまでも繰り返し指摘されてきたが、このことは、とりわけ策源地となった佐世保に関して言えることであろう。兵員や軍需物資の輸送の窓口となった佐世保港には、数多くの船舶が動員されて乗組員ともども集められた。佐世保の駐留軍労務者の数は、昭和二十七年には七、〇〇〇人を超え（中本昭夫『佐世保港の戦後史』）、多くの市民が米軍基地に依存して生活を営むようになっていた。アメリカをはじめとする国連軍の兵士たちが落とすカネは土産物屋をはじめとする商店を潤し、新規に開店する商店の数を増やした。市内の百貨店「玉屋」は戦争を機に増資に着手し、昭和二十六年には五〇〇〇万、二十七年には一、〇〇〇万、二十八年には二、〇〇〇万と倍増させ、売り場面積も拡大させていった。戦争開始の前（昭和二十五年）と後（二十六年）の同じ月で売上を比較すると、例えば一月では、八、八〇〇万円から五億二、〇〇〇万円へ、二月では一億五、六〇〇万円から三億二、八〇〇万円へ、三月では一億七、七〇〇万円から四億円へと大幅な売り上げ増を記録していた（『佐世保玉屋50年小史』、『市史産業経済篇』）。

製造業ではいわゆる「金へン景気」、「糸へン景気」が全国規模で見られたが、佐世保ではこれに石炭が加わった。佐世保近辺の北松炭田では特需を見越して新鉱の開発が相次いだのである。家屋の新築も増加した。「ハウス」と呼ばれるアメリカ兵を相手とする女性の部屋の新築、増築、改築が増えた（前川雅夫編『炭鉱誌』、『佐世保年表』）。戦争は一時操業危機を迎えていたSSKにも経営面での好影響を与えた。その影響は、SSKは「完全に立ち直った」など、多大なものであったことが指摘されることもあったが（『佐世保の歴史』）、社史を見る限りでは、同社の「経営状況はいささかも楽観が許されるものではなかった」（『佐世保重工業60年史』）とかなり控えめである。

市内に滞在する兵隊の数の増加は、飲食・風俗店での売り上げ増加につながった。外国人を相手とするバー（いわゆる「外人バー」）をはじめ、ダンスホールやキャバレー、レストランが増え、夜になれば派手なネオンが歓楽街を彩った。横須賀の「どぶ板通り」ほどの知名度はないとはいえ、佐世保の国際性を売り込む際には、現在も外人バーが広告塔の役割を果たすことが多い。外国人兵士の増加は、当然彼らを相手とする女性の増加を伴う。戦後著された佐世保の探訪記やルポルタージュのなかには、外国人兵を相手とするいわゆる「パンパン」の存在とともに、佐世保が抱える問題を取り上げるものもあった（坂本忠「怒りの街――ルポ・軍港佐世保」、長崎善次「ルポルタージュ　佐世保軍港」）。こうした街娼婦の存在も、性風俗の乱れや性病の蔓延といった問題を伴いながら、軍港都市佐世保の戦後の一時期を特徴づけたといってよいであろう。

再軍備と佐世保

朝鮮戦争を契機とする東西間の冷戦構造の鮮明化は、アメリカ側によるわが国の西側陣営への組み込みを加速させ、日本の再軍備を促すことにつながった。すでにわが国では、昭和二十三年（一九四八年）に海上保安庁が発足していたが、戦争が始まって間もない昭和二十五年七月八日、マッカーサーは、わが国の治安維持を目的として国家警察予備隊の創設と海上保安庁職員の増員を指示した。警察予備隊に関しては、同年九月に佐世保市針尾に駐屯地が設けられ、まずは後の陸上自衛隊と佐世保との結びつきが生じた（後に市内相浦に移転）。一方海上保安庁には、昭和二十七年四月に海上警備隊が設置され、やがて九州ではその地方総監部は、軍港都市の伝統がある佐世保に置かれることになる。この総監部の佐世保設置が決定するまでには、伊万里との誘致合戦があった。奇しくも、かつて海軍鎮守府の誘致をめぐって名乗りを上げたのと同じ都市の組み合わせである。

警備隊総監部の誘致は、戦後の佐世保が掲げた「平和産業港湾都市」の理想をどう実現していくかという都市の将来の方針とも関わる大きな問題であった。それゆえ、佐世保市内では誘致の賛成派と反対派に市民の声は二分された。賛成派を支えたのは、水交会などの旧軍人団体や商工会議所を代表とする経済関係者である。当時の西岡長崎県知事も、誘致に積極的であった。これに対して、佐世保の商港としての発展を謳い、平和都市に向けた復興を牽引してきた中田佐世保市長は、当然のことながら反対派の頭目と見なされてもおかしくはなかった。ところが中田市長は、「賛成派の勢いに押される形で」市議会に「海上警備隊誘致特別委員会」を設置せざるをえず、結局は市議会議長と連盟で昭和二十七年十二月に誘致に関する陳情書を保安庁に提出したのであった。すでに中田市長は同年の一月には、佐世保港の現状にかんがみ、「軍商二本立て」の発展を目指すことを意志表示していた。ちなみに、後に非武装中立論で知られ日本社会党の委員長となる石橋政嗣は、その頃地元佐世保の駐留軍の労働組合を母体として活動していたが、当時実施されたアンケート（昭和二十七年一月）では、彼も当分は、軍商併立はやむをえないと答えたという（中本昭夫『佐世保港の戦後史』）。

とはいえ中田市長は、平和産業港湾都市の建設に向けた夢は抱き続けていたと推測される。なぜなら、この時期中田市長は、すでに述べたように、一方では佐世保の観光都市化に向けて、西海国立

Ⅱ-11　海上警備隊開庁祝賀パレード
『佐世保地方隊三十年史』より

公園の制定に向けて力を注いでいたからである。

保安庁から海上警備隊南西方面総監部の佐世保設置が公表されたのは、昭和二十八年八月二十八日のことであったという。十一月十四日、開庁式の日、市内ではその前夜の仮装行列に引き続き祝賀会やパレード（Ⅱ-11）、提灯行列が催され多くの市民が参加した（『市史　通史編』下、『佐世保の歴史』）。はたしてこの歓迎は全市を挙げてのものだったのであろうか。ともあれ佐世保では、朝鮮戦争を機に米海軍佐世保基地の軍事的機能が強化された後、海上警備隊（後の海上自衛隊）の誘致が成功した。戦後一〇年を経ずして佐世保に再びわが国の艦船が姿を現したのである。

（2）産業の多様化の試み

戦後佐世保の産業構造

佐世保は再び軍港都市になった。とはいえ、戦前と比べれば産業面での多様化はある程度までは進んだといってよいのではないかと思う。戦前は、工廠を中心とした海軍への依存度が極めて高かったのに対して、戦後は、その施設の一部を継承してＳＳＫ（佐世保船舶工業）が設立されたほか、炭鉱業、観光が盛んとなったからである。

ここで高度成長の時代を迎えた佐世保のおおよその産業構造を確認しておこう。表Ⅱ-4は昭和三十五年（一九六〇年）の国勢調査をもとに就業者をおもな産業ごとにまとめたものである。産業分野ごとの比重を示せば、第一次産業（農業、林業・狩猟業、漁業・水産養殖業）は一六・二%、第二次産業（鉱業、建設業、製造業）は二三・一%、第三次産業（上記以外、公務を含む）は六〇・五%となる（四捨五入による誤差はそのままにしてある）。この表を素材として戦前と戦後を単純に比較することは、分類方法の違いや佐世保の市域の大幅な拡大もあり、容易なことではない。例えば大正九年（第7章参照）との比較から、農業の比重の増加（二・七%から一四・五%へ）や鉱業の比重の増加（〇・七%から四・二%へ）、製造業（工業）の比重の低下（三〇・九%から一一・八%へ）などを確認することはできる。それゆえ佐世保では、戦前よりも戦後になって農業や鉱業（石炭産業）に従事する人口の割合が増えたことになるのだが、おそらくこれは、周辺の農業生産地域、炭鉱地帯が佐世保に合併されたことにより生じた変化であろう。おおよそ都市全体の産業構造の変化としてこのような変動を指摘することは可能であろうが、その正確な検証は容易ではない。

そこで次に、わが国全体の産業構造との比較から、戦後の佐世保の産業構造の特徴を確認してみたい。表Ⅱ-5は、国民経済計算に基づき、わが国全体の産業構造を就業者の構成比の面からまとめたものである。

表Ⅱ-4と Ⅱ-5の比較から明らかなことは、佐世保における第三次産業の占める比率の高さである。軍港都市は消費都市であるといわれることがあるが、戦後昭和三十五年頃の佐世保は卸・小売業やサービス業を中心に、第三次産業が全国平均と比べて高い比率を占めていた。また、ここでは公務員を第三次産業に含めているが、公務員が就業者全体に占める比率

表Ⅱ-4　佐世保市における産業別就業者数の分布（昭和35年）

産業（大分類）	総数（女性の就業者数）	比　率
農業	15,275 （8,646）	14.5
林業・狩猟業	183 （27）	0.0
漁業・水産養殖業	1,767 （538）	1.7
鉱業	4,444 （434）	4.2
建設業	7,426 （1,627）	7.1
製造業	12,389 （2,637）	11.8
卸売業・小売業	24,461 （12,040）	23.2
金融・保険業	2,286 （924）	2.2
不動産業	63 （8）	0.0
運輸・通信業	6,734 （1,331）	6.4
電機・ガス・水道業	1,294 （123）	1.2
サービス業	19,495 （9,156）	18.5
公務	9,432 （593）	9.0
合計	105,249 （38,084）	100.0

四捨五入による誤差はそのままにしてある。

表Ⅱ-5　わが国の産業別就業者構成比（昭和35年）

産　業	比　率（%）
第一次産業	32.9
第二次産業	30.4
鉱業	1.1
建設業	7.0
製造業	22.3
第三次産業	36.7
卸売業・小売業	13.8
金融・保険業	1.7
不動産業	0.2
運輸・通信業	4.8
電機・ガス・水道業	0.6
サービス業	12.5
公務	2.8
合計	4,538千人

も佐世保は九％と、全国平均の二・八％と比べて高かった。これはやはり、海上・陸上自衛隊の双方が佐世保に拠点を設けるようになったということ、さらに米海軍の基地に勤務する日本人が多数存在することが影響しているものと考えられる。一方、第一次、第二次産業ともに佐世保での比重は、それぞれ一六・四％と二三・一％、全国平均のそれぞれ三二・九％と三〇・四％と比べて低い。製造業に注目すれば、佐世保にはＳＳＫが存在するにもかかわらず、就業者全体に占める製造業の比率は、全国平均の二二・三％に対して佐世保は一一・八％とかなり低いのである。

このように、全国平均と照らし合わせれば、佐世保の産業構造には少なからぬ偏りが見出される。とはいえ、過度に海軍に依存していた戦前と比べれば、戦後の佐世保の産業は多様化したと述べてよいであろう。そこで次に、戦後の佐世保を特徴づけ、その産業の発展に貢献した業種のなかから造船業と石炭産業を取り上げ、簡単に見ておくことにしたい。

造船業

戦後、佐世保海軍工廠の施設が部分的にではあれ佐世保船舶工業（昭和三十六年から佐世保重工業、以下ＳＳＫと略）に引き継がれたことにより、佐世保で培われた造船業の伝統はＳＳＫに継承されることになった。とはいえ、造船業は好不況の波や海外との競争の影響を受けや

Ⅱ-12　「日章丸」の進水式
郷土出版社刊『図説　佐世保・平戸・松浦・北松の歴史』より

すい産業分野である。ＳＳＫの経営もこれまで数度の浮き沈みを繰り返してきた。例えば昭和二十九年十一月、造船不況といわれるさなか、ＳＳＫは不渡り手形を出してしまい、東京地方裁判所に会社整理開始の申し立てを行なうとともに、全金融機関から取引停止処分を受けることになった。実はＳＳＫでは、それ以前から賃金の遅配が実施されており、すでに資金繰りが苦しい状況にあった。昭和三十年早々には九〇〇名以上の人員整理が実施され、同年のＳＳＫの従業員数は二、〇〇〇名を下回ることになった（『市史　通史編』下、『佐世保重工業60年史』）。

この苦境を乗り越えたＳＳＫは、大型タンカー建造の波に乗る。昭和三十五年十二月、ＳＳＫは出光興産から一三万トン級の巨大タンカーの受注に成功した。当時世界最大といわれたこのタンカーは「日章丸」と命名され、昭和三十七年七月十日に進水式を迎えた（Ⅱ-12）。当日の列席者には、出光の出光佐三社長やライシャワー駐日アメリカ大使が含まれ、見学者は二万人に達したという。その後ＳＳＫは数多くの一〇万トン以上の巨大タンカーの建造を手掛けることになる。従業員数も増加し一時は七、〇〇〇人台に達したこともあった（昭和五十年：七、〇四〇人）（『市史　通史編』下）。

しかし、オイルショックの到来は、再びSSKの経営を悪化させてしまう。昭和五十三年六月に、SSKは来島ドックの坪内寿夫社長を新社長として迎え入れ、再建に乗り出すことになった。当時SSKの救済に向けて政府が示したなりふり構わぬ力の入れようは、一私企業の救済において前例のないものであったという（北沢輝夫『佐世保救済劇と造船不況』）。全国的にも話題となった政府を挙げての救済策が実施された背景には、むろんSSKが長崎県県北地域を代表する企業であることから、地域経済建て直しという意図もあったことであろうが、やはりこれは、後述する原子力船「むつ」の佐世保受け入れを地元が認めたことへの対価として考えたほうがよいであろう。坪内新体制発足の当初は、合理化の実施をめぐって労使間の激しい対立があったものの、やがて労使協調体制が確立され、SSKは存続を果たす。ただし従業員数は、子会社への出向や希望退職者の募集などにより、一一、〇〇〇人を割り込む水準にまで減少していく。

なお、現在に至るまで残された課題として、SSKと隣接する米海軍との施設の利用をめぐる問題がある。SSKの主要施設は、日米安全保障条約に基づく地位協定により、米軍から使用を認められたものを含む。もしそれらの施設が米軍側の都合により急遽必要となり、しかも長期間明け渡すことが求められれば、それはＳＳＫの経営にも大きく影響してしまう。利用が制限される水域の設定など、港全体の利用方法を含めた米海軍との住み分けは、ＳＳＫのみならず佐世保全体にとっての大きな課題である。

石炭産業

先にも触れたように、佐世保市内外の地下には豊富な石炭が埋蔵されている。とはいえ、要塞地帯に指定されていたため、炭鉱の開発は十分には行なわれていなかった。佐世保炭田において本格的に石炭が採掘されるようになったのは戦後、とりわけ朝鮮戦争の特需を迎えてからのことである。すでに終戦の一年後、いわゆる傾斜生産方式の採用により経済の土台となる石炭・鉄鋼産業重視の経済政策が打ち出された後、佐世保でも新たな鉱山の開発が進んだが、朝鮮戦争が勃発すると炭鉱の数、出炭の規模ともにさらなる増加を見せた。

具体的に見てみよう。朝鮮戦争開戦時の昭和二十五年における佐世保市内の炭鉱数は一九、出炭量は一九八、〇八一トン、佐世保炭田全体では二、〇四〇、七〇四トンであった。しかしその二年後、昭和二十七年に炭鉱数は三四、出炭量は三六四、一八〇トン、佐世保炭田全体では二、八一二、四三八トンにまで増加したのである（『市史　産業経済篇』）。また、当時の地元紙（『時事新聞』）には、石炭ブームにまつわる話題として次のような記事が掲載された。すなわち、昭和二十六年八月の佐世保炭田は、「貯炭がほとんどなく、〝黄金時代〟を迎える。炭価急騰五千カロリーの石炭で一トンあたり四〇〇〇円〜五〇〇〇円、石炭ブローカーの動きが活発で、中小炭鉱をまわり、数ヶ月先までの契約」（八月十日）がなされたらしい。また、拾い炭に関する話題として、佐世保市の「相浦港では潜水夫を使い一日二〇〇トンを海底より引き上げる」ことさえ行なわれた。昭和二十六年の佐世保税務署管内における長者番付では、上位三名のいずれもが炭鉱経営者であった。一位の安部栄は、全国番付でも三位に位置したという（『市史　通史編』下）。

佐世保炭は、地元で消費される以外にどこに送られたであろうか。昭和三十三年の記録によると、この年の佐世保炭の送炭量は三、二四七、五四三トン、そのうち一九・九二％（六四六、九二九トン）が近畿地方に、一八・三四％（五九五、五九三トン）が九州地方に、八・三二％（二七〇、三五二トン）が関東地方に送られた（池田稔「佐世保炭の流通」）。県内での消費分を除けば、佐世保炭は北九州、阪神、京浜の工業地帯で消費されたといえるであろう。しかし、もともと石炭自体の品位がそれほどよくなかったうえに、一大出炭地である筑豊地方――積出港は若松――と比べて佐世保は大消費地から遠く、輸送コストの面でも佐世保炭は不利であった。

石炭産業の斜陽化

　朝鮮戦争に端を発した特需は石炭にも及んだのであったが、石炭ブームは短期間で終わってしまう。ブームに伴う国内炭の出炭量の増大と外国炭の輸入は石炭自体のだぶつきと販売不振を招いていく。ブームが続く昭和二十七年、石炭産業界では不況を見越した経営側の締め付けに労働者側が反発し、大規模なストライキ（いわゆる「六三スト」）が実施された。それが供給の不安定な国内炭から輸入炭や石油へと需要をシフトさせてしまったことも、石炭産業の不振につながった。さらにその後本格化するエネルギー革命の進展も、石炭産業自体を斜陽産業へと導いていった。佐世保市内の坑夫の数の推移を見ると、昭和二十一年に一、四三六名だったその数は、ブームの到来により二十七年には四、四六八名を記録するまでになった。その後昭和二十九年には二、九八一名と三、〇〇〇人台を下回ってしまうものの、同三十二年には神武景気の到来により三、八六八名にまで回復した。しかし、その後はこの数を上回ることはなく、昭和三十九年には一、〇〇〇人の大台を割り込み八六六名、そして同四十七年には市内で最後に残された柚木炭鉱が閉山し、佐世保から炭鉱はなくなってしまうのである（『市史　通史編』下）。

　いわゆる「黒い羽根運動」の輪は、佐世保でもその広がりを見た。石炭鉱山の閉山に伴い生活が立ち行かなくなった人々を支援するための運動である。例えば佐世保では、地区労

（佐世保地区労働組合会議）が街頭募金活動を行ない、昭和三十四年十一月二十日から翌年の二月五日までの期間で一六万五、〇〇〇円が集まったという。衣料品や学用品、菓子などの寄付・配布も実施された（『佐世保年表』、『市史　通史編』下）。

概して、石炭産業は、戦後佐世保の産業の多様化を推し進めるうえで、その一翼を担った産業であるとはいえ、その繁栄期は短いものであった。

（3）高度成長期の基地の街

基地の街と原子力艦船

戦後、佐世保は再び軍港都市となった。その軍港を成り立たせている組織が海上自衛隊と米軍の基地であることから、佐世保は横須賀や沖縄各地などとともに、「基地の街」と呼ばれることがある。沖縄では、遺憾にも米軍に関わる不幸な事件、不祥事が相次き、世間の反発を招いた。それゆえ、県民の米軍基地に対する眼差しには、基地の移設問題を含めて大変厳しいものがある。これに対して佐世保では、米軍にまつわる事件、不祥事が皆無というわけではないのだが、現在では米軍に対する市民の意識には、どちらかといえばさめたものが感じられ、一見すると基地の存在を市民は容認しているようにも見受けられる。例えば、米海軍の原子力船が佐世保に入港しても、今では地元のマスコミで小さく扱われるだけであり、反対運動の盛り上がりはほとんど感じ取れない。

その佐世保を舞台にして、高度経済成長期の昭和四十三年、原子力空母の佐世保入港に反対する運動が大きな盛り上がりを見せた。おそらく、ある年代以上の人々であれば、「エンタープライズ（エンプラ）」という艦船の名前とともに、当時のデモ隊と機動隊との衝突のシーンを思い出すことができるのではないか。この騒動は、全国の人々の耳目を集めた出来事である。この騒動を通じて佐世保が現役の軍港都市であることを再認識した人々も多かったに違いない。

「エンタープライズ」が入港する以前、戦後の佐世保港にはすでに一〇隻以上の原子力潜水艦が入港していた。初めて佐世保に原子力潜水艦（「シードラゴン」：二、五五二トン）が入港したのは、昭和三十九年十一月十二日のことである。入港の正式な事前通告があったのは前日の早朝であったが、その入港はかねてよりうわさされており、米軍基地のある横須賀や佐世保で反対集会が開催されていた。また、放射能測定のための機材設置と事前の点検も進められていた。そうしたなかでの原子力潜水艦の入港通知である。抗議集会やデモに参加する労働者や学生が陸続と佐世保に集結した。デモ隊と機動隊との衝突が起きたのは入港の二日目、米軍基地のゲートに近い平瀬橋付近でのことであった（中本昭夫『続佐世保港の戦後史』）。その際、数名のデモ参加者が公務執行妨害で逮捕されたが、そのなかには、後に「ロッキード事件」の疑惑追及などで活躍し、「国会の爆弾男」との異名を持つようになる楢崎弥之助も含まれていた。

「エンタープライズ」入港まで

原子力潜水艦の入港反対運動は、その初期においてこそ大きな盛り上がりを見せた。しかし、回数を重ねるに従って反対運動は沈静化し、いつしか佐世保市民の間には一種の「原潜慣れ」のようなものが見受けられるようになった（『市史　通史編』下）。そのようななかで「エンタープライズ」の佐世保入港は、まずはありうべき可能性として、やがては切実な現実問題として市民の間に大きな波紋を投げかけていくのである。同艦の排水量は約七五、七〇〇トン、乗組員の数は約四、六〇〇名、潜水艦とは比較にならない大きさである。以下、「エンタープライズ」寄港の顛末《てんまつ》について、中本昭夫『続佐世保港の戦後史』に依拠しながら要点をたどっていこう。

米国政府よりわが国に「エンタープライズ」寄港の要請が正式になされたのは、昭和四十二年（一九六七年）九月七日である。しかしそれ以前から佐世保市民は、その日が来ることを覚悟していた。例えば、その前年の四十一年一月十二日に佐世保を公式訪問した米国第七艦隊のハイランド指令官は、記者団の質問に答え、近い将来、「エンタープライズ」の日本寄港がみとめられるよう希望すると述べていた。ただし、その時点で同指令官が希望した寄港先は横須賀であった。また翌四十二年二月六日、東京から戻った辻一三佐世保市長は、「エンタープライズ」の最初の寄港地は佐世保になりそうだとの印象を強めたと、記者団に語った。

Ⅱ-13　機動隊とデモ隊の攻防（平瀬橋）

さて、九月七日に寄港が正式に要請されてからの佐世保市内はあわただしさを増した。十月になると、日本政府が原子力空母の寄港をみとめ、翌昭和四十三年一月の佐世保寄港を予告し、さらに十二月一日に、その時期は一月二十日頃であるとの見通しを公表した。年末が近づくにつれ、学生や労働者の寄港反対派の活動は盛んになり、それに対処する動きも活発化した。例えば、防衛施設庁はデモコース付近の鉄道引込線の道床を砕石に変えてアスファルト敷きとしたほか、海上自衛隊、米軍、国鉄などは管理する施設に金網を張り、デモ隊に備えた。市郊外にある長崎県立国際経済大学（現長崎県立大学佐世保校）では、佐世保に集結した全学連が同大学を占拠するとのうわさを受け、それを阻止するために学生総会を開催した（『朝日新聞』（長崎版）一九六七年十二月二十九日）。

佐世保寄港

年が明けて昭和四十三年一月十日、「エンタープライズ」が八日にハワイを出港したことが米軍から通知され、いよいよ一月十八日、同艦が翌十九日午前九時三〇分頃に佐世保に入港するとの事前通告が佐世保市側に伝えられた。入港前日のこの日、市内光月町《こうげつちょう》では社会党・共産党共催の数万人規模の寄港反対集会が催された。その後敢行されたデモでは一部の学生が過激化し、投石した学生に警察側が放水と催涙弾で応酬する場面も見られた（Ⅱ-13）。「エンタープライズ」は十九日午前九時一〇分に佐世保に入港。反対派によるビラ配りや船を用いた海上でのデモ以外にも寄港賛成派による宣伝があったほか、「エンタープライズ」を一目見ようと双眼鏡を片手に周辺諸県から見物に来た野次馬も多かったという。

デモ隊と機動隊との大掛かりな衝突が生じたのは寄港三日目、一月二十一日のことである。この日の午後、社会党・共産党・総評共催の原子力船寄港抗議集会が開催された後のデモで、先陣を占めていた全学連の学生が機動隊と衝突、「佐世保橋付近は、この大混乱を見る大群衆で身動きもできないほどで、付近の人家の屋根に登る者もあり、その攻防は、すさまじさを増し」た。米軍基地に侵入し、逮捕された学生もいた。全学連に投石用の石を販売した高校生もいたという。この日の重軽傷者は一六〇名に達した。テレビを通じてこの日の佐世保の混乱は、全国に実況中継された。

放射能漏れ事故

一月二十三日午前九時三八分、「エンタープライズ」は佐世保を後にした。「佐世保の繁華街は、エンタープライズ号入港中、すべて店を閉鎖したので四億円の売上減となり、低利の融資を市長に要請した」。なお、「市の港湾部と海上保安部は、連日放射能調査を行なってきたが、「異常なし」と結果を発表し、市民をほっとさせた」（中本昭夫『続佐世保港の戦後史』）。ちなみに「エンタープライズ」は、一五年後の昭和五十八年に再度佐世保に入港している。その際、「市民の圧倒的多数は、無関心あるいはあきらめの気持ちであった」という。

「エンタープライズ」が寄港した年の五月二日、原子力潜水艦「ソードフィッシュ」が佐世保港に入港した。「原潜慣れ」した佐世保市ではあったが、今回の原潜入港は大きな衝撃を市民に与えた。海上保安部の調査船が、「ソードフィッシュ」周辺で平常値の二〇倍前後の放射能を測定したからである。その後の調査では異常値は測定されなかったとはいえ、科学技術庁の専門家検討委員会は、断定はできないが、「ソードフィッシュ」の放射能と考えるのが常識であるとの見解を示した。この事件を受けて、当時のジョンソン米国駐日大使は三木武夫外務大臣に、放射能調査体制を日本側が整備するまで原子力潜水艦を佐世保、横須賀に寄港させないと約束した（『市史　通史編』下）。

「むつ」の修理とＳＳＫの救済

被爆地のある長崎県の佐世保市ではあるが、原子力と佐世保との関わりはなおも続く。昭和五十一年（一九七六年）一月十六日、政府は「むつ」の佐世保での修理を閣議で決定した。放射能漏れ事故を起こして洋上を漂泊していたわが国初の原子力船「むつ」（約八、二〇〇トン）は、ＳＳＫ（佐世保重工業）の造船所で修理されることになったのである。同船の佐世保誘致に際しては、辻佐世保市長の働きかけがあったといわれるが、政府からの要請もあったという。とはいえ、佐世保への「むつ」受け入れ決定の直接的な理由としては、やはり再度の経営危機を迎えたＳＳＫの救済が挙げられるであろう。「むつ」が佐世保に入港する昭和五十三年にＳＳＫの救済は本格化したのであった（本章（2）参照）。受け入れの見返りとして期待される経済効果を賛成派の人々は重視した。一方、反対派の人々が恐れたのは何よりも被爆である。被爆者を中心に受け入れ反対の運動は大きな盛り上がりを見せた。結局「むつ」は原子炉を「封印」するとの条件で昭和五十三年六月一日に県議会で、また六月三日に佐世保市議会で受け入れ案が可決された（『市史　通史編』下）。

「むつ」は、同年十月十六日に佐世保に入港し、五十七年八月三十一日に出港した。入港に際しては、海上で阻止隊と警備隊との衝突があったものの、心配された大きな混乱はなかった。しかし、四年近い佐世保での滞在中、期待された受け入れ効果は、結局はなかったと評された。とはいえ、出港に際しては花火が打ち上げられ、長期にわたる滞在ゆえに「むつ」に情が移ったと表現する市民も多かったと『佐世保市史　通史編』（下巻）はまとめている。平成四年、「むつ」の廃船が決まった。後に「むつ」は改造されて海洋地球研究船「みらい」へと生まれ変わり、平成九年十二月に佐世保への寄港を果たしている。

「むつ」と佐世保との関わりは、ここが現役の軍港都市として機能しているために出来《しゅつらい》したというわけではない。しかし、軍港都市の復興のために旧海軍工廠の遺産を継承して成立し、しかも米海軍基地の存在により操業面での制約を受け、経営危機に陥っている佐世保重工業の救済を考慮して、同船の佐世保受け入れは決まったといわれる（鈴田敦之「佐世保重工業政治救済の落とし穴」、北沢輝夫『佐世保救済劇と造船不況』）。「むつ」をめぐる騒動も、軍港都市であるがゆえに佐世保が戦後経験した特異な歴史の一齣《ひとこま》と見なしてよいであろう。

結び　軍港都市のいま

軍港都市を訪れる

外部から訪れた者に軍港都市は、どのように目に映るであろうか。

軍港地帯が中心街からそう離れていない佐世保では、市外からここに来た際には鉄道（JR佐世保線）を利用するにせよ、あるいは高速道路（西九州自動車道）を利用するにせよ、港内に停泊している海上自衛隊ならびに米海軍の艦船を直接目にすることができる。訪問者にとって佐世保が軍港であることは一目瞭然である。これに対してキールでは、軍港（ティルピッツ・ハーフェン）は市街地の北のかなり離れた所に位置している。ハンブルク方面からキールにやってくるのであれば、中央駅からは軍港は見えない。地図を見る限り、高速道路からも軍港は見えそうにない。ここが軍港都市であることは、軍港地帯に接近しない限り景観からうかがうことはできない。キール湾東岸に広がっていたかつての海軍をはじめとする艦船建造・係船地域は、現在では民営の造船会社（ＨＤＷ社）の敷地となっている。ただしその北東部分には海軍の補給施設（Marinearsenal）が残されているので、ここに艦船が停泊していれば、湾西岸の繁華街からもそれを目にすることはできるであろう。とはいえ、景観面からいえば概してキールよりも佐世保のほうが、軍施設の「露出」の度合いは高いといえそうである。

しかし、佐世保にしろキールにしろ、かつても今も軍港都市であるということを、市当局が積極的に発信しているということはなさそうである。例えば、双方の市役所のホームページのスタートページからは軍港の存在を見て取ることはできない。ただし佐世保市の場合、スタートページの「市政に関する情報」のなかに「基地政策」の項目があり、ここからアクセスしていけば、基地にまつわる歴史や現状についてかなり詳しい情報を得ることができる。また、キール市のホームページでは、例えば観光に関するサイトのなかに「海事史」の項目があり、ここからかつて軍港をなしていた主要施設の歴史について知ることができる。とはいえ、双方の都市ともに軍港都市であることを積極的にアピールする姿勢は、ホームページからは感じ取れない。やはり軍港を都市の顔として表に出すことには差し障りがあるのであろうか。佐世保に関しては、市勢要覧の通時的な検証から、近年軍港に関連する記述が要覧のなかで減っているということが確認されている（山本理佳「佐世保市行政による軍港像の創出」）。

軍港都市で生活する

以下、筆者が居住する佐世保市の事例を中心に軍港都市の現状について見ておきたい。

軍港都市の居住者にとっては、そこが「基地のまち」であることを再認識させられる行事も存在する。例えば、現在佐世保では、米海軍の原子力艦船からの放射能漏れ事故を想定した訓練が毎年実施されている。ただし米軍からの参加はいまのところない。また、これは陸上自衛隊にちなむものであるが、繁華街での自衛隊のパレードが定期的に行なわれている。これには賛否両論があるが、とりわけ問題とされているのは、隊員が武装していることである。

さらに軍港都市ゆえに生じる制約もある。戦後、佐世保は商港として息を吹き返したものの、「軍商二本立て」の方針のもと、軍施設の存在により佐世保港の利用は、現在も大きな制約が課せられている。キール港も海軍の存在による利用制限があるとはいえ、少しずつ制約は解除されてきた。佐世保では、とりわけ米海軍の存在が大きなネックとなっている。米海軍が設定する制限水域が広範に及び、その内部で民間船舶の航行が制約されているので、本来の港の機能を十分活かせるに至っていないのである。制限水域は、港則法で定める港の水域の八割に達する。こうした状況が続く限り、貿易や漁業の十分な発展は見込めない（山本理佳「佐世保市行政による軍港像の創出」）。ＬＣＡＣ（エアクッション型揚陸艇）が発する騒音も、市民生活に課せられた制約と見なしてよいであろう。

施設転用の現状

わが国の軍港都市では、すでに述べたように、戦後「旧軍港市転換法」の制定により旧軍施設の非軍事的な利用が進められてきた。平成十二年（二〇〇〇年）のその転用状況を見ると、横須賀七一・二％、呉八四・二％、佐世保六〇・一％、舞鶴八四・六％となり、佐世保の転用率が一番低いことがわかる。しかも、これらの値には「防衛施設」も含まれているので、改めて「防衛施設」を除いた公共・民間施設などへの転用率を挙げれば、横須賀五六・二％、呉七六・一％、佐世保三八・四％、舞鶴七三・八％となり、やはり佐世保と横須賀の転用率が低いことがわかる。なかでも旧軍港都市のなかで佐世保の低さが際立つ。佐世保と横須賀は、ともに米軍基地の街である。その存在が旧軍施設の非軍事施設への転用を阻んでいると考えてよいだろう。例えば佐世保の場合、旧軍施設に占める（おそらく米軍への）「提供施設」の割合は二九・七％にまで達しており、面積にすれば三、八〇一平方キロメートルの広さである。この比率は、横須賀の「提供施設」の一七・八％と比べてはるかに高い。ちなみに、呉の旧軍施設に占める「提供施設」の割合は二・五％、舞鶴に至ってはゼロである。

このように、佐世保では旧軍施設の転用が十分には進んでいない。もしこれらが転用され、民間の利用に供されていれば、佐世保ではもっと著しい産業の発展が見られていたかもしれないのである（山本理佳「佐世保市における軍港景観の文化資源化」）。

しかし、一方で軍需依存の体質は今も続く。一九七〇年代後半、米海軍佐世保基地は一時的に規模を縮小し、基地から弾薬廠へ格下げとなった。すると、「軍需は急減した」のであった。「佐世保は戦後、民間経済の活性化による「自立」を何度か模索したが、米軍、ひいては日本政府の都合に翻弄され、結局軍需依存を脱することなく今に至った」のである（「安保改定50年」取材班『米軍基地の現場から』）。

軍港都市と観光

軍港都市の近・現代は、国家の軍事政策に直結した、まさに国運に翻弄される歴史を描き出してきた。軍港都市であったがために、ありえたかもしれない平穏な市民生活を手にすることができず、それを宿命として軍港都市であることを悲観的に捉えようとする向きもあるかもしれない。

とはいえ、これまでのわが国の近代の歩みのなかで軍港が果たしてきた役割は無視することはできない。軍港都市がわが国において占めてきた位置は、やはり正確に評価する必要があるだろう。「序論」でも述べたように、軍港のマイナスイメージをなくすことはできないであろうが、将来に向けた建設的な展望を得ようとするのであれば、「マイナス」を「プラス」に読みかえるなどの工夫を重ね、軍港が果たしてきた役割をしっかりと見据えることが求められる。

そのようななか、近年、ささやかとはいえ軍港に改めて光を当てようとする催しが見られるようになったことは評価に値する。例えば、佐世保観光コンベンション協会は、市中心部を基盤とする「まちなか観光」の一つとして、平成二十年に「海軍さんの港まちツアー」を立ち上げ、軍港が観光の対象とされるようになった。注目されるのは、このツアーに参加すれば、普段は立ち入ることのできない米海軍基地のなかに入れることだ。すでに海上自衛隊では、艦船の見学会や試乗会が実施されているが、ようやく軍港の存在が、集客の手段として考えられるようになった。ちなみに、キールでも、市最大の祭典である「キーラー・ヴォッヒェ」の開催期間には、海軍艦船の試乗会が行なわれているようである。

呉の「大和ミュージアム」（呉市海事歴史科学館）が人気の観光拠点であることはよく知られる。舞鶴には旧軍港施設を活かした「赤レンガ博物館」があり、横須賀では戦艦「三笠」が記念艦として公開され、「軍港クルージング」も実施されている。軍港がようやく観光や街づくりの要素として位置づけられつつある現状を見て取ることができる。

軍港都市のＤＮＡ

わが国の軍港都市は、戦後いずれも再び軍港都市となった。むろん、キールもそうである。

なかでも佐世保は陸海双方の自衛隊が設置されたほか米海軍基地が置かれ、旧軍施設の転用にもその影響が及んでいる現状を見て取ることができた。戦後の佐世保は、西海国立公園の制定、さらにはハウステンボスの開業により観光都市としての色合いを以前と比べて濃厚に持つようになった。キールも美しい近代都市になった。大型フェリーが行き交う港の偉観からは、キールが北欧などと関係の深い国際都市であることがわかる。さらにキールは、ハンザに属していた中世都市でもあった。

とはいえ、「軍港都市のＤＮＡ」も、佐世保やキールの近・現代史を通じて継承されてきた。このＤＮＡを考慮することなしに両都市の今後の街づくりを考えることはできないであろう。街づくりがうまくいくためには、まずはその都市が多くの人々から愛される都市でなければならない。軍港であり続けてきた佐世保やキールは、はたして多くの人々に愛される都市となりえるであろうか。市民にとって誇りに思われる都市になりえるであろうか。これは難しい問題である。現在も軍港であるということの現実は、あまりにも重い。しかし、軍港都市の地元の人々にとっては、郷土の歴史、郷土が果たしてきた役割を知ることが郷土愛をはぐくむための第一歩となるはずである。まずは歴史を正確に知り、軍港都市の重要性や特異性をしっかりと見つめなおすこと。これが軍港都市の再評価に向けた第一歩となるのではないか。

初出一覧

初出は以下の通り。いずれも大幅に加筆、修正を行なっているので、章ごとの対応を示すことができないことを了承されたい。

序論： 書き下ろし

Ⅰ キール編：「軍港都市の近代――キールと佐世保：比較のための覚書」、『調査と研究』第三五巻第一号、二〇〇四年。
「軍港都市の敗戦経験――二度の世界大戦とキールの社会・経済」、『長崎県立大学経済学部論集』第四三巻第四号、二〇一〇年。

Ⅱ 佐世保編：「軍港都市佐世保の近代――ドイツ・キールとの比較を念頭に」、『長崎県立大学経済学部論集』第四四巻第四号、二〇一一年。
「軍港都市佐世保の戦中・戦後――ドイツ・キールとの比較を念頭に」、『長崎県立大学経済学部論集』第四五巻第四号、二〇一二年。

結び： 書き下ろし

あとがき

子供のころの愛読書の一つに『時刻表』があった。まだ国鉄が分割民営化される前の、赤字ローカル線も健在で多種多様な特急・急行列車が全国を走り回っていた当時、『時刻表』には食堂車や寝台車を連結した数多くの列車が掲載されていて、見ているだけで楽しかった。どれか好みの夜行列車を選んでは、その寝台に揺られているつもりになって、夜、布団にもぐりこんでいたことを思い出す。

新幹線が博多まで延びる前の時代、東京・関西から九州に向けて何本もの寝台列車が走っていた。夕方の東京駅は、いわゆるブルートレインにとってのまさに「ゴールデンタイム」であった。九州各地に向けて列車が陸続と出発する時間帯、まず先陣を切って一六時三〇分と早い時間に出発していたのが、寝台特急「さくら」、長崎・佐世保行である。佐世保の地名を私は、まずは、寝台特急の目的地として記憶したのであった。中学生になると、これら寝台特急を間近で見るためにわざわざ東京駅に向かうようになった。ブルートレインを利用した九州旅行など子供にとってはまだ極めつきの贅沢に感じられた当時、重い電気機関車に牽引されて風格さえも感じさせながらゆっくりと長崎・佐世保へと旅立つ「さくら」を、何度も羨望のまなざしで見送ったことを思い出す。おそらく学校で習ったのであろう、佐世保が軍港であるということも、いつのころからか知るようになった。

その「さくら」に乗車して初めて長崎・佐世保に向かったのは大学院の研究生の時代、二〇代も後半になってからのことである。長崎で二日かけて出島やグラバー園など、お決まりの観光施設を見て回った翌日に、今は閉鎖されている「長崎オランダ村」を見学し、その日の夕方バスで佐世保に到着した。

実は、佐世保との最初の出会いはあまりうまくいかなかった。到着日の天候は雨、あいにく体調もすぐれなかった。翌日は一日かけて軍港都市佐世保の街歩きをするつもりであったのだが、重苦しくたれこめる雨雲に覆われた晩秋の佐世保の街は薄暗くてあまりに灰色であり、私は気分を滅入らせてしまった。結局、佐世保駅前を少し歩いただけで急遽予定を変更し、その日のうちに列車で博多に出発してしまったのである。佐世保が軍港であるということも、この日私が佐世保に抱いた「灰色の街」という印象をいささか増幅させてしまったのかもしれない。この経験を境に、私にとって佐世保の街のイメージは、ブルートレインが通う、そこはかとなく憧れを感じさせる遠くの街から、重苦しい「灰色の街」へと変わってしまったのである。

今でこそ、佐世保には軍港以外にもさまざまな顔があり、明るささえ宿している表情豊かな街だということを知っているが、右で述べた経験から、ここに居住するまでの私は、佐世保のことを灰色一色の街と誤解していたのである。その意味で本書は、佐世保をはじめとする軍港都市を「灰色の街」と思い込んでしまった理由を歴史にさかのぼり、街の成り立ちの面から自分なりに検証した、いわば贖罪の書とでも言えるのかもしれない。

縁あって佐世保にある公立大学に赴任して一三年が経過した。私はもともとドイツを中心としたヨーロッパの、やや古い時代の都市を中心とした商業について勉強している人間である。しかし、昨今どこの大学でもそうであるように、私のように実践的でないことを勉強している者にも地域貢献なるものが求められるようになった。悩んだ末、まずはこれまで勉強したことがあるドイツの中世都市に関する知見を、これからの街づくりに活かすことを考えたのであるが、少ししてから自分が勉強しているハンザ都市のなかに軍港で有名なキールがあることに思い至った。軍港都市という観点からキールと佐世保の都市形成史を比較検討してみたらどうかと考え、まずはその序論のようなものをキールの成り立ちを中心にまとめて二〇〇四年に学内の紀要に掲載した。

この小論を読まれた塙書房の寺島正行氏は、二〇〇八年にわざわざ佐世保にある私の勤務校の研究室まで足を運び、本書の執筆を勧めてくださった。寺島氏に感謝申し上げるとともに、計画よりかなり遅れた出版となってしまったことをお詫びしたい。寺島氏は、学位論文の執筆を先に済ませたいという私の勝手な都合を理解してくださり、辛抱強く本書の完成を待ってくださった。ほかにも、『軍港都市史研究Ｉ　舞鶴編』の編者である坂根嘉弘先生（広島大学）をはじめ長崎・佐世保の郷土史家である前川雅夫先生、祖谷敏行先生からは、貴重な助言ならびに佐世保にまつわる情報をいただくことができた。また、恩師である鈴木健夫先生（早稲田大学）は、軍港都市の歴史という本来の私の専門からやや外れた分野の仕事の進展をあたたかく見守ってくださった。ともに感謝申し上げたい。

最後に、仕事と子育てに忙しい妻増美には、相変わらず私の研究生活を支えてもらっている。佐世保生まれの彼女との会話も、この街の歴史や性格について考えていくうえで有益であったことを申し添えておきたい。

二〇一二年八月

佐世保にて　谷澤　毅

10 図 表 出 典

第9章

Ⅱ-9　引揚第一歩の地の碑（佐世保市浦頭）
：『図説　佐世保・平戸・松浦・北松の歴史』、郷土出版社、2010年、197ページ。

Ⅱ-10　住民投票を呼び掛ける中田市長：『佐世保の歴史』、186ページ。

第10章

Ⅱ-11　海上警備隊開庁祝賀パレード：『佐世保の歴史』、197ページ（『佐世保地方隊三十年史』より）。

Ⅱ-12　「日章丸」の進水式：『図説　佐世保・平戸・松浦・北松の歴史』、郷土出版社、2010年、203ページ。

Ⅱ-13　機動隊とデモ隊の攻防（平瀬橋）：『鳥帽子は見ていた』、8ページ。

表Ⅱ-4　佐世保市における産業別就業者数の分布（昭和35年）
：『佐世保市統計年鑑　昭和37年版』、佐世保市、1962年、16ページより作成。

表Ⅱ-5　わが国の産業別就業者構成比（昭和35年）
：『佐世保市史　通史編』下巻、636ページ、表1より作成。

第5章

Ⅰ-15　アンドレアス・ガイク（中央）
：Karl-Heinz Groth, Aufgewachsen in Kiel, S. 40.

Ⅰ-16　HDW 社の造船所。キール湾西岸から：著者撮影

Ⅰ-17　軍用基地であることを示す看板とフェンス：著者撮影

第6章

Ⅱ-1　佐世保の所在地：著者作成

Ⅱ-2　明治25年の佐世保市街：平岡昭利編著『地図でみる佐世保』、芸文堂、1997年、22ページ。

第7章

Ⅱ-3　現在の国道35号線（昭和30年頃）
：平岡昭利編著『地図でみる佐世保』、芸文堂、1997年、104ページ。

表Ⅱ-1　佐世保市における職業別人口の分布（大正9年）：『大正9年・昭和5年国勢調査報告府県編長崎県』、大正9年編、18-19、126-127ページより作成。

第8章

Ⅱ-4　針尾の大無線塔：『図説　佐世保・平戸・松浦・北松の歴史』、郷土出版社、2010年、177ページ。

Ⅱ-5　250トンクレーン：『佐世保の歴史』、139ページ（長崎新聞社提供）。

Ⅱ-6　海軍橋（現佐世保橋）：『烏帽子は見ていた』、143ページ。

Ⅱ-7　空襲後の市役所周辺：『占領軍が写した終戦直後の佐世保』、芸文堂、1983年、12-13ページ。

Ⅱ-8　防空壕跡地を利用した商店が並ぶ「とんねる横丁」
：『図説　佐世保・平戸・松浦・北松の歴史』、郷土出版社、2010年、188ページ。

表Ⅱ-2　佐世保市の人口数：『佐世保事典』、佐世保市、2002年、211-212ページより作成。

表Ⅱ-3　佐世保海軍工廠における職工（工員）数：『烏帽子は見ていた』、142ページ。

図表出典

第1章

Ⅰ-1　キールの所在地：著者作成

第2章

Ⅰ-2　キール市の人口の推移：150 Jahre Mobilität, S. 9, 22, 28.

Ⅰ-3　周辺自治体の合併
：Geschichte der Stadt Kiel, hg. v. J. Jensen und P. Wulf, Neumünster, 1991, S. 409.

Ⅰ-4　マルテン計画：150 Jahre Mobilität, S. 9.

Ⅰ-5　シュヴァイツァー計画：150 Jahre Mobilität, S. 10.

Ⅰ-6　シュテュッベン計画：150 Jahre Mobilität, S. 12.

Ⅰ-7　「白蒸気」の営業案内（1937年）
：H. P. -Wöhlke und D. Wöhlke, Personenschifffahrt auf der Kieler Förde, Erfurt, 2007, S. 54.

Ⅰ-8　キール湾東岸の主要造船所：Die Geschichte des Kieler Handelshafens, S. 29.

第3章

Ⅰ-9　キールの路面電車（20世紀初頭）：150 Jahre Mobilität, S. 16.

Ⅰ-10　路面電車の路線網（1915年）：150 Jahre Mobilität, S. 16.

Ⅰ-11　キール湾に停泊中の艦船（1918年）
：Die Geschichte des Kieler Handelshafens, S. 47.

Ⅰ-12　ハーン計画：Geschichte der Stadt Kiel, S. 309.

第4章

Ⅰ-13　ヴィク地区に今も残るブンカー：著者撮影

Ⅰ-14　空襲で破壊されたキール市街（1945年）：Karl-Heinz Groth, Aufgewachsen in Kiel in den 40er und 50er Jahren, Wiesental, 2010, S.4.

建設省編『戦災復興誌』第8巻、財団法人都市計画協会、1960年。

厚生省社会・援護局援護50年史編集委員会監修『援護50年』、ぎょうせい、1997年。

五人づれ『五足の靴』、岩波文庫、2007年。

坂根嘉弘編『軍港都市史研究Ⅰ舞鶴編』、清文堂出版、2010年。

『定本　山頭火全集　第2巻』、春陽堂書店、1972年。

竹内正浩『軍事遺産を歩く』、ちくま文庫、2006年。

ジョン・ダワー（三浦陽一・高杉忠明訳）『増補版　敗北を抱きしめて』上巻、岩波書店、2004年。

中村正則『戦後史』、岩波新書、2005年。

『母なる港舞鶴　舞鶴引揚記念館図録』、舞鶴引揚記念館、1995年。

原田泰『都市の魅力学』、文春新書、2001年。

『別冊太陽　日本の博覧会』、平凡社、2005年。

前川雅夫編『炭鉱誌――長崎県石炭史年表』、葦書房、1990年。

三浦忍『近代交通の発達と市場――九州地方の卸売市場・鉄道・海運』、日本経済評論社、1996年。

本康宏史『軍都の慰霊空間――国民統合と戦死者たち』、吉川弘文館、2002年。

山田正志「ある地方都市の肖像――軍港都市舞鶴の形成過程：第2部：大正・昭和前期の舞鶴」、『東海大学紀要、留学生センター』24、2004年。

吉田裕『日本近現代史⑥アジア・太平洋戦争』、岩波新書、2007年。

吉村昭『戦艦武蔵』、新潮文庫、1988年改版。

和田春樹『朝鮮戦争全史』、岩波書店、2002年。

6 参考文献

鈴木真「ネイビーの街　佐世保は今」、『世界の艦船』468号、1993年。

鈴田敦之「佐世保重工業政治救済の落とし穴」、『エコノミスト』1978年6月27日号。

祖谷敏行「佐世保大空襲──佐世保海軍共済病院勤務医師私日記にみる六月二十九日」、『談林』（佐世保史談会）第49号、2006年。

楯敏明「色濃い軍港佐世保への回帰──さめた市民の眼に映ったことは…」、『エコノミスト』1978年6月27日号。

長崎善次「ルポルタージュ　佐世保軍港」、『前衛』226号、1964年。

中野健「「軍港都市」佐世保の都市形成」、『談林』（佐世保史談会）第26号、1984年。

中名生正己「佐世保地方隊40年の歩み」、『世界の艦船』468号、1993年。

西博「南風崎駅小史」、『談林』（佐世保史談会）第10号、1968年。

三浦忍「佐世保市の都市機能と歴史的展開」、『調査と研究』第7巻第1号、1976年。

森英輔「明治と佐世保」、『談林』（佐世保史談会）第31号、1990年。

山口日都志「戦中・戦後の鉄道（六）」、『郷土研究』第38号、2011年。

山本喜代治「佐世保市の空間構造と環境」、『調査と研究』第7巻第1号、1976年。

山本理佳「佐世保市行政による軍港像の創出──1960年代の米軍原子力艦艇寄港反対運動をめぐって」、『地理学評論』78-10、2005年。

山本理佳「佐世保市における軍港景観の文化資源化」、『国立歴史民俗博物館研究報告』第156集、2010年。

拙稿「軍港都市佐世保の近代──ドイツ・キールとの比較を念頭に」、『長崎県立大学経済学部論集』第44巻第4号、2011年。

・そのほかわが国に関する文献
荒川章二『軍隊と地域』青木書店、2001年。

『浦賀港引揚船関連写真資料集──よみがえる戦後史の空白』、横須賀市旧浦賀地域文化振興懇談会、2004年。

沖縄タイムス社・神奈川新聞社・長崎新聞社＝合同企画「安保改定50年」取材班『米軍基地の現場から』、高文研、2011年。

川西英通『せめぎあう地域と軍隊──「末端」「周縁」都市・高田の模索』、岩波書店、2010年。

『旧軍港市転換法施行50年のあゆみ』、旧軍港市振興協議会事務局、2000年。

絡協議会、1997年。

『大正9年・昭和5年国勢調査報告府県編　長崎県』、本の友社、1997年復刻版発行。

させぼ夢大学創立10周年記念『させぼ歴史・文化夢紀行』、芸文堂、2001年。

『佐世保事典　市制百周年記念』、佐世保市、2002年。

『佐世保の歴史　市制百周年記念』、佐世保市、2002年。

『佐世保年表　市制百周年記念』、佐世保市、2002年。

『佐世保重工業60年史』、佐世保重工業株式会社、2006年。

『図説　佐世保・平戸・松浦・北松の歴史』、郷土出版社、2010年。

北沢輝夫『佐世保救済劇と造船不況』、教育社、1978年。

志岐叡彦『(序説) 佐世保軍港史』、隆文社、1989年。

中田正輔『銀杏残り記』、中田正輔翁自伝刊行会、1961年。

中田正輔『佐世保政治生活四十年』、九州公論社、1958年。

中本昭夫『佐世保港の戦後史』、芸文堂、1984年。

中本昭夫『続佐世保港の戦後史』、芸文堂、1985年。

平岡昭利編著『地図でみる佐世保』、芸文堂、1997年。

六無散史『佐世保繁昌記』、1896年刊行、佐世保市立図書館蔵写本。

・佐世保に関するもの（雑誌記事・論文）

池田稔「佐世保炭の流通」、『経済と文化』（長崎県立短期大学）第2号、1960年。

今村洋一「横須賀・呉・佐世保・舞鶴における旧軍用地の転換について―1950～1976年の旧軍港都市国有財産処理審議会における決定事項の考察を通して」、『日本都市計画学会　都市計画論文集』No.43-3、2008年。

江頭巌「幕末・明治初年の内外情勢と佐世保海軍鎮守府の開設（年表）その二」、『談林』（佐世保史談会）第40号、1999年。

小川喬義「戦後日本の造船業とSSKの展開過程」、『調査と研究』（長崎県立国際経済大学国際文化経済研究所）第1巻第1号、1969年。

木山捷平「軍港・佐世保の夕映え」、『日本』9-3、1966年。

坂本忠「怒りの街―ルポ・軍港佐世保」、『人民文学』3-3号、1952年。

佐竹要平、小嶋栄子、濱村美和「引揚援護と佐世保友の会の活動」、『研究紀要』（長崎短期大学）第20号、2008年。

4　参考文献

成瀬治ほか編『世界歴史大系　ドイツ史３──1890年～現在』、山川出版社、1997年。

広田厚司『ドイツ海軍入門──大英帝国に対抗する異色の戦力』、光人社 NF 文庫、2007年。

廣田功、永岑三千輝「ヨーロッパの戦後改革──フランスとドイツ」、『社会経済史学の課題と展望』、有斐閣、1992年。

藤原辰史『かぶらの冬──第一次世界大戦期ドイツの飢饉と民衆』、人文書院、2011年。

古内博行「ドイツ」、原輝史・工藤章編『現代ヨーロッパ経済史』第３章、有斐閣、1996年。

M・フルブルック（芝健介訳）『二つのドイツ　1945─1990』、岩波書店、2009年。

三宅立『ドイツ海軍の熱い夏──水兵たちと海軍将校団1917年』、山川出版社、2001年。

H・モテックほか（大島隆雄ほか訳）『ドイツ経済史──ビスマルク時代からナチス期まで（1871─1945年）』、大月書店、1989年。

諸田實『クルップ』、東洋経済新報社、1970年。

・佐世保に関するもの（書籍）
『佐世保市史　総説篇』、1955年。

『佐世保市史　産業経済篇』、1956年。

『佐世保市史　政治行政篇』、1957年。

『佐世保市史　通史編』上巻・下巻、2002年、2003年。

『佐世保市史　軍港史編』上巻・下巻、2002年、2003年。

『佐世保郷土誌』1919年刊行、佐世保市立図書館蔵写本。

『佐世保引揚援護局史』下巻、佐世保引揚援護局、1951年。

『佐世保玉屋50年小史』、佐世保玉屋、1967年。

『佐世保のあゆみ』、佐世保市明治百年記念事業協賛会、隆文社、1968年。

『声なきこえ』、佐世保空襲を語り継ぐ会編、1975年。

『軍港に降る炎──佐世保空襲と海軍工廠の記録』、創価学会青年部反戦出版委員会編、1978年。

『60周年記念　西肥自動車の歩み『走行粁』』、西肥自動車株式会社、1980年。

『佐世保歴史散歩』、芸文堂、1995年。

『烏帽子は見ていた──佐世保と南地区・21世紀への記録』、佐世保市南地区町内連

H. Willert, Anfänge und frühe Entwicklung der Städte Kiel, Oldesloe und Plön, Neumünster, 1990.

Peter Wulf, Kiel wird Großstadt (1867-1918), in: Geschichte der Stadt Kiel, hg. v. J. Jensen und P. Wulf, Neumüster, 1991.

Peter Wurf, Die Stadt auf der Suche nach ihrer neuen Bestimmung(1918 bis 1933), in: Geschichte der Stadt Kiel, hg. v. J. Jensen und P. Wulf, Neumünster, 1991.

Peter Wurf, Die Stadt in der nationalsozialistischen Zeit (1933 bis 1945), in: Geschichte der Stadt Kiel, hg. v. J. Jensen und P. Wulf, Neumünster, 1991.

Anton Zottmann, Kiel. Die wirtschaftliche Entwicklung der Stadt von der Mitte des 19. Jahrhunderts bis zur Gegenwart und die Grundlagen ihres ökonomischen Neuaufbaus, Kiel, 1947.

HDW 社のホームページ（http: //www. hdw. de/de/）

キール市役所のホームページ（http: //www. kiel. de/）

拙稿「軍港都市の近代―キールと佐世保：比較のための覚書」、『調査と研究』第35巻第1号、2004年。

拙稿「軍港都市の敗戦経験―二度の世界大戦とキールの社会・経済」、『長崎県立大学経済学部論集』第43巻第4号、2010年。

・ドイツに関するもの

青木栄一「ドイツ海軍の歴史―その創設からナチスの崩壊まで」、『世界の艦船』第255号、1978年。

青木栄一「戦後ドイツ海軍の歩み」、『世界の艦船』第542号、1998年。

岩間陽子『ドイツ再軍備』、中央公論社、1993年。

大井知範「ドイツ海軍―海軍の創建と世界展開」、三宅正樹ほか編『ドイツ史と戦争―「軍事史」と「戦争史」』、彩流社、2011年。

新谷卓「冷戦―政治と戦争の転換」、三宅正樹ほか編『ドイツ史と戦争―「軍事史」と「戦争史」』、彩流社、2011年。

永岑三千輝「ドイツ経済再建の人間的社会的基礎」、廣田功・森建資編『戦後再建期のヨーロッパ経済―復興から統合へ』、日本経済評論社、1998年。

成瀬治ほか編『世界歴史大系　ドイツ史２―1648年～1890年』、山川出版社、1996年。

Geschichte der Stadt Kiel, hg. v. J. Jensen und P. Wulf, Neumünster, 1991.

Kiel im Luftkrieg 1939-1945. Tagebuch des Alarmpostens Detlef Boelck, eingeleitet von Jürgen Plöger, Gesellschaft für Kieler Stadtgeschichte, Bd. 13, Kiel, 1980.

Kieler Zahlen 2001. Statistische Berichte Nr. 174, hg. v. Landeshauptstadt Kiel, Amt für Wirtschaft, Verkehr, Stadt- und Regionalentwicklung.

Kiels Friedensarbeit Beginnt. Rede des Oberbürgermeisters Gayk zur Haushaltssatzung der Stadt Kiel, hg durch die Stadtverwaltung Kiel, Schriftenreihe der Stadt Kiel, 1947.

Friedrich Kleyser, Kleine Kieler Wirtschaftsgeschichte von 1242 bis 1945, Kiel, 1969.

Ulrich Lange, Vom Ancien Régime zur frühen Moderne (1773 bis 1867), in: Geschichte der Stadt Kiel, hg. v. J. Jensen und P. Wulf, Neumünster, 1991.

Dirk Rathjens, Kiel und seine Werftindustrie, in: Kiel - eine Stadt und ihre Probleme, Eine Vortragsreihe des Rotary Clubs Kiel, hg. v. Günter Endruweit, Kiel, o. J.

Michael Salewski, Kiel und Marine, in: Geschichte der Stadt Kiel, hg. v. J. Jensen und P. Wulf, Neumünster, 1991.

Statistische Berichte. Statistisches Amt für Hamburg und Schleswig-Holstein, 8. Oktober, 2009. (http: //www. statistik-nord. de/uploads/tx_standocuments/A_I_2_vj084_S. pdf)

Reinhard Stewig, Kiels historische Struktur im Wandel, in: Mitteilungen der Gesellschaft für Kieler Stadtgeschichte, 77, 1991-1994.

Gabriele Stüber, Kieler Hungerjahre 1945-1948, Mitteilungen der Gesellschaft für Kieler Stadtgeschichte, 69, 1983-1985, Teil 2.

Tiefbauamt der Landeshauptstadt Kiel (Hg.), 150 Jahre Mobilität, Stadtentwicklung und Nahverkehr, Bearb. v. G. v. Rohr, Kiel, 2002.

Helmut G. Walther, Von der Holstenstadt der Schauenburger zur Landesstadt des holsteinischen Adels (1242 bis 1544), in: Geschichte der Stadt Kiel, hg. v. J. Jensen und P. Wulf, Neumüster, 1991.

Rüdiger Wenzel, Bevölkerung, Wirtschaft und Politik im kaiserlichen Kiel zwischen 1870 und 1914, Sonderveröffentlichungen der Gesellschaft für Kieler Stadtgeschichte, 7, Kiel, 1978.

参考文献

・キールに関するもの

Andreas Gayk und seine Zeit. Erinnerungen an den Kieler Oberbürgermeister, hg. v. J. Jensen und K. Rickers, Mitteilungen der Gesellschaft für Kieler Stadtgeschichte, 61, Neumünster, 1974.

Hans-Rudolf Boehmer, Kiel und die Marine, in: Kiel - eine Stadt und ihre Probleme, Eine Vortragsreihe des Rotary Clubs Kiel, hg. v. Günter Endruweit, Kiel, o. J.

Norbert Gansel, Stadt im Wandel. Perspektiven für die Landeshauptstadt Kiel, in: Kiel im neuen Jahrhundert. Beiträge zu Geschichte, Gegenwart und Zukunft der Landeshauptstadt, Kiel, 2001.

Christa Geckeler (Hg.), Erinnerungen an Kiel zwischen den Weltkriegen 1918/1939, Husum, 2007.

Christa Geckeler (Hg.), Erinnerungen der Kieler Kriegesgeneration 1930/1960, 2. Aufl. Husum, 2007.

Die Geschichte des Kieler Handelshafens. 50 Jahre Hafen-und Verkehrsbetrieb, Neumünster, 1991.

Helmut Grieser, Reichsbesitz, Entmilitarisierung und Friedensindustrie Kiel nach dem Zweiten Weltkrieg, Gesellschaft für Kieler Stadtgeschichte, Sonderveröffentlichung 11, Kiel, 1979.

Helmut Grieser, Wiederaufstieg aus Trümmern (1945 bis in die Gegenwart), in: Geschichte der Stadt Kiel, hg. v. J. Jensen u. P. Wulf, Neumüster, 1991.

Karl-Heinz Groth, Aufgewachsen in Kiel in 40er und 50er Jahren, Wartberg GW, 2010.

Jürgen Jensen, Kieler Zeitgeschichte im Pressefoto, Gesellschaft für Kieler Stadtgeschichte, Sonderveröffentlichung 16, Kiel, 2. Aufl. 1986.

Kersten Krüger und Andreas Künne, Kiel im Gottorfer Staat (1544-1773), in:

谷澤　毅（たにざわ・たけし）

一九六二年東京生まれ。一九八四年上智大学経済学部卒業。一九九七年早稲田大学大学院経済学研究科博士後期課程単位修得退学（西洋経済史専攻）。一九九三―九四年早稲田大学交換留学生としてドイツ・ボン大学に留学。現在長崎県立大学経済学部教授。博士（経済学：早稲田大学）

〔主要業績〕

『北欧商業史の研究―世界経済の形成とハンザ商業』知泉書館、二〇一一年。

D. カービー／M. L. ヒンカネン『ヨーロッパの北の海―北海・バルト海の歴史』（共訳）、刀水書房、二〇一一年。

「グローバル・ネットワークのなかの肥前系陶磁器―世界商品としての陶磁器」、長崎県立大学産学連携チーム『波佐見の挑戦―地域ブランドをめざして』長崎新聞社、二〇一一年。

「近世ドイツ・中欧の大市」、山田雅彦編『伝統ヨーロッパとその周辺の市場の歴史』清文堂出版、二〇一〇年。

「シーボルト的、ゲーテ的、万有科学者的存在―長崎高商教授武藤長蔵の百学連環」、『長崎県立大学論集』第四二巻第四号、二〇〇九年。

〔塙選書115〕

佐世保《させぼ》とキール　海軍《かいぐん》の記憶《きおく》　日独軍港都市小史

二〇一三年二月一日　初版第一刷

著者――谷澤　毅

発行者――白石タイ

発行所――株式会社塙書房

〒113-0033　東京都文京区本郷6-8-16

電話＝03-3812-5821　振替＝00100-6-8782

印刷・製本所――亜細亜印刷・弘伸製本

装丁者――中山銀士（協力＝金子暁仁）

落丁・乱丁本はお取り替えいたします。定価はカヴァーに表示してあります。

ISBN978-4-8273-3115-8 C1321